常见草种子图鉴

杨春华　毛培胜　等编著

中国农业大学出版社
·北 京·

内容简介

本书主要对实验室草种子质量检验检测工作中常见的牧草、草坪草、饲料作物、生态草、观赏草和药用植物等种子的生长特征、地理分布以及种子形态做了简要叙述。为了便于对种子形态进行准确识别与鉴定，本书在对种子进行描述后，附有其双粒和多粒外形显微照片。本书主要供从事草种子生产、经营及实验室质量检验检测工作者使用，也可以作为科研教学单位相关人员的参考用书。

图书在版编目（CIP）数据

常见草种子图鉴/杨春华，毛培胜等编著. --北京：中国农业大学出版社，2022.11
ISBN 978-7-5655-2883-5

Ⅰ.①常… Ⅱ.①杨…②毛… Ⅲ.①草籽-鉴定-图集 Ⅳ.①S54-64

中国版本图书馆CIP数据核字（2022）第203154号

书　名 常见草种子图鉴
作　者 杨春华 毛培胜 等编著

策划编辑 梁爱荣　　**责任编辑** 梁爱荣
封面设计 郑 川
出版发行 中国农业大学出版社
社　址 北京市海淀区圆明园西路2号　　**邮政编码** 100193
电　话 发行部 010-62733489, 1190　　读者服务部 010-62732336
编辑部 010-62732617, 2618　　出 版 部 010-62733440
网　址 http：//www.caupress.cn　　**E-mail** cbsszs@cau.edu.cn
经　销 新华书店
印　刷 涿州市星河印刷有限公司
版　次 2022年11月第1版　2022年11月第1次印刷
规　格 185 mm×260 mm　16开本　12.75印张　315千字
定　价 98.00元

编写人员

主要编著者　杨春华　毛培胜

其他编著者（以姓氏笔画为序）

王显国　乔　宇　孙　彦　李曼莉

邱丽媛　宋玉梅　倪小琴

前言

草种子是牧草生产、草地建设、草坪绿化和生态修复等的重要物质保证，其产量水平、质量优劣关系到草产业的健康持续发展。草种子质量包括净度、发芽率、含水量、生活力及其他植物种子等指标，其中，其他植物种子是对草种子进行鉴定识别过程中检测除测定种之外的所有种的种子，是草种子质量检验的重点，也是难点。准确鉴定需要系统掌握植物学、种子分类和鉴别方法等相关知识，同时需要具有丰富的实践经验，但目前关于草种子图鉴及形态描述的专业书籍不多。鉴于此，本书依据《草种子检验规程》（GB/T 2930—2017）及在日常检验工作过程中收集和整理的部分牧草、草坪草、饲料作物、生态草、观赏草及药用植物等材料编写而成，旨在为草种子质量检验人员、生产经营者和其他从事草种子相关行业人员提供参考。

本书在编写过程中得到了农业农村部牧草与草坪草种子质量监督检验测试中心（北京）、中国农业大学牧草种子实验室（国际种子检验协会认可实验室）的大力支持和帮助，在此深表感谢！

由于编著者理论与技术水平有限，书中难免存在不足和缺陷，恳请同仁不吝批评指正。

编著者

2022 年 7 月

目 录

牧草、草坪草、饲料作物及生态草

二 观赏草及药用植物

一

牧草、草坪草、饲料作物及生态草

沙蓬 *Agriophyllum squarrosum* (L.) Moq.

【别名】沙米、登相子

【科】藜科

【属】沙蓬属

【生长特征】一年生草本。茎直立，坚硬，多分枝。叶互生，无柄，披针形至条形，先端渐尖，具刺尖，基部渐狭，全缘，叶脉凸出。

【地理分布】分布于我国东北、华北、西北及河南、西藏等地区；蒙古国、俄罗斯有分布。生长于沙丘或流动沙丘的背风坡上。

【种子形态】胞果卵圆形或椭圆形，两面扁平或背部稍凸，幼时在背部被毛，后期秃净，上部边缘略具翅缘；果喙深裂成两个扁平的条状小喙，微向外弯，小喙先端外侧各具一小齿突。种子近圆形，黄褐色或棕褐色；表面具细颗粒状点纹，光滑，有时具浅褐色的斑点。种脐褐色，凹陷；胚根褐色，周围具翅，尖端具钝乳突。

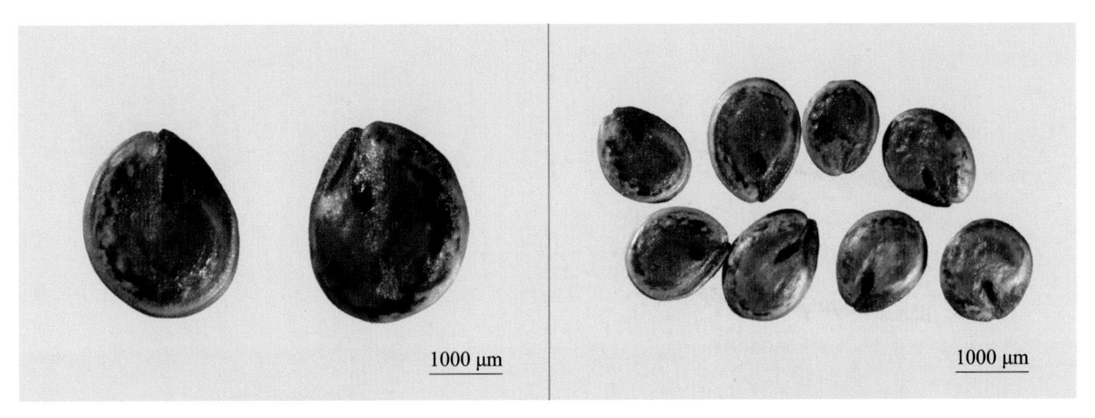

沙蓬双粒种子图片　　沙蓬多粒种子图片

扁穗冰草 *Agropyron cristatum* (L.) Gaertn.

【别名】野麦子、羽状小麦草

【科】禾本科

【属】冰草属

【生长特征】多年生草本。秆直立，基部的节常呈膝曲状，疏丛型，上部被短柔毛或无毛。叶披针形，叶片质较硬而粗糙，常内卷，上面叶脉强烈隆起成纵沟，脉上密被微小短硬毛；叶背光滑，叶面密生茸毛；叶鞘紧包茎；叶舌不明显。

【地理分布】分布于我国东北、华北和西北等地区；欧洲、俄罗斯、蒙古国以及中亚地区有分布。生长于草地、山坡、荒地和沙地等。

【种子形态】小穗呈篦齿状，两侧扁，穗轴节间圆柱形，具微毛，先端膨大，顶端凹陷较深，与内稃紧贴；颖片舟形，边缘膜质，具脊，先端渐尖成芒，芒与颖等长或稍短；外稃披针形，具不明显的 3 脉，极狭，被短刺毛，顶端渐尖成 2.0 ～ 4.0 mm 的芒；内稃短于外稃，先端 2 裂，具 2 脊，脊的中上部具短刺状毛。颖果长椭圆形或披针形，长 3.5 ～ 4.5 mm，宽约 1.0 mm，灰褐色，顶端密生白色茸毛；脐具绒毛，脐沟较深呈小舟形；胚卵形，长占颖果的 1/5 ～ 1/4。

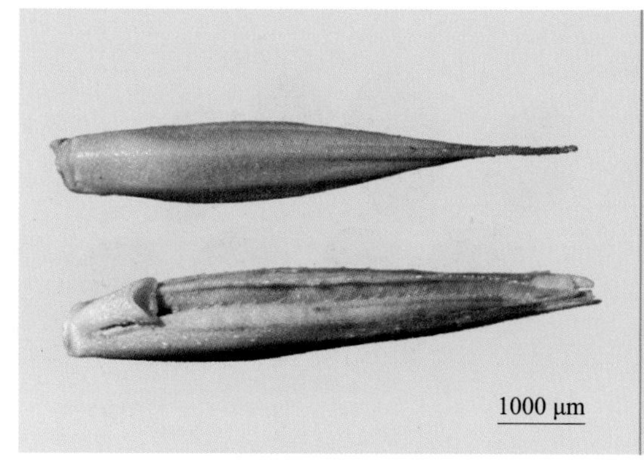

扁穗冰草双粒种子图片

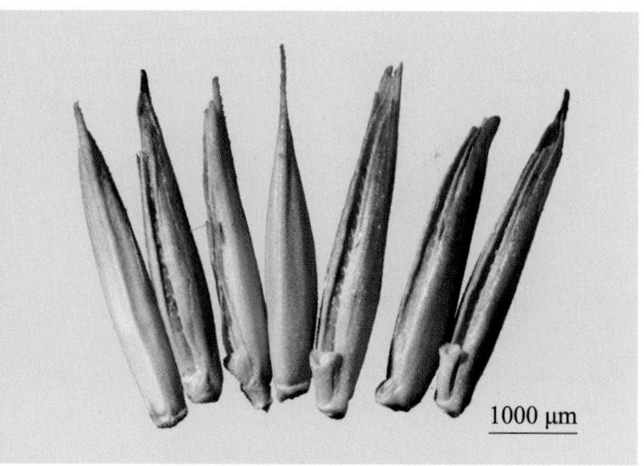

扁穗冰草多粒种子图片

3 沙生冰草 *Agropyron desertorum* (Fisch.ex Link) Schult.

【别名】荒漠冰草

【科】禾本科

【属】冰草属

【生长特征】多年生草本。具横走或下伸的根状茎。秆成疏丛型，直立，光滑或紧接花序下被柔毛。叶鞘紧密裹茎，无毛，短于节间；叶舌短小或缺；叶片多内卷成锥状。

【地理分布】分布于我国内蒙古、吉林、辽宁和山西等地区；俄罗斯、蒙古国有分布。多生长于干旱草原、沙地及山坡等地。

【种子形态】小穗轴节间圆筒形，先端膨大，顶端凹陷，具微毛，不与内稃紧贴，稍弯曲；颖舟形，边缘膜质，脊上具稀疏的纤毛；外稃舟形，长 5.0 ～ 7.0 mm，具明显 5 脉，背面具短柔毛，基部钝，圆形，先端渐尖呈 1.0 ～ 2.0 mm 的短芒；内稃与外稃等长，先端 2 裂，脊中上部具刺毛。颖果深褐色，矩圆形，长 3.0 ～ 3.5 mm，宽约 1.0 mm，顶端密生黄色茸毛；脐圆形；腹面具沟，呈舟形；胚椭圆形，长占颖果的 1/5 ～ 1/4。

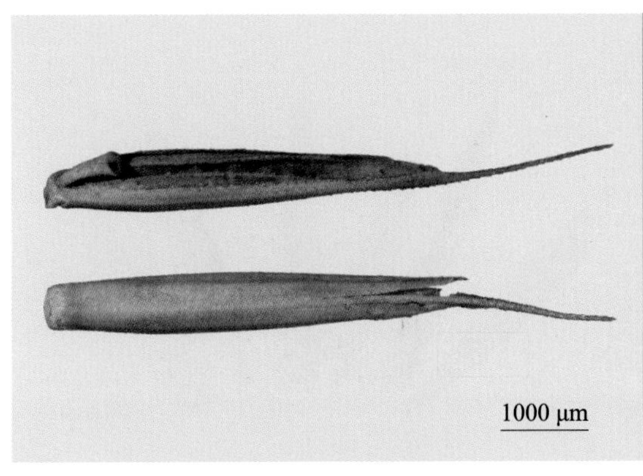

沙生冰草双粒种子图片

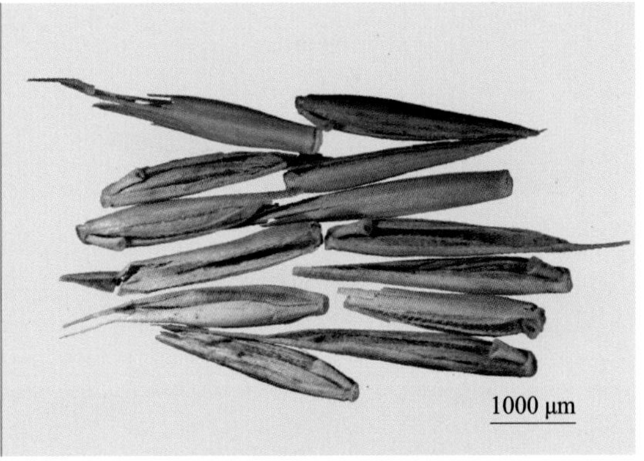

沙生冰草多粒种子图片

沙芦草 *Agropyron mongolicum* Keng

【别名】蒙古冰草、麦秧子草

【科】禾本科

【属】冰草属

【生长特征】多年生草本。根状茎。秆直立，疏丛型，有时基部横卧而节生根成匍茎状，节常膝曲，具 2 ～ 3（6）节。叶鞘无毛，短于节间；叶舌具纤毛；叶片内卷成针状，无毛；叶脉隆起成纵沟，脉上密被微细刚毛。

【地理分布】分布于我国内蒙古、山西、陕西、甘肃和新疆等地区；欧洲、俄罗斯及蒙古国等有分布。生长于干燥草原及沙地等。

【种子形态】小穗卵状披针形，穗轴光滑或生微毛；颖两侧不对称，具 3 ～ 5 脉，第一颖长 3.0 ～ 6.0 mm，第二颖长 4.0 ～ 6.0 mm，先端具 1.0 mm 左右的短尖头；外稃草质，黄绿色，舟形，具稀疏微毛或无毛，具 5 脉，边缘膜质，先端具长约 1.0 mm 的短尖头，第一外稃长 5.0～6.0 mm；内稃等长或稍短于外稃，脊具短纤毛，脊间无毛或先端具微毛。

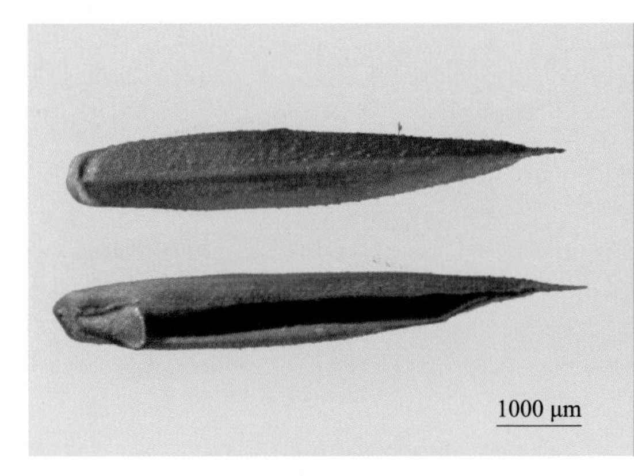

沙芦草双粒种子图片

沙芦草多粒种子图片

5 麦仙翁 *Agrostemma githago* L.

【别名】麦毒草、田冠草

【科】石竹科

【属】麦仙翁属

【生长特征】一年生草本，全株密被白色长硬毛。茎单生，直立，不分枝或上部分枝。叶片线形或线状披针形，基部微合生，抱茎，顶端渐尖，中脉明显。

【地理分布】分布于我国黑龙江、吉林、内蒙古和新疆等地区；欧洲、亚洲、非洲北部和北美洲有分布。生长于麦田中或路旁草地，为田间杂草。

【种子形态】种子呈不规则卵形或肾形，略扁，长 2.5 ～ 3.5 mm，宽 2.5 ～ 2.7 mm，厚约 2.0 mm，黑色或黑褐色，乌暗无光泽；果体具棱角，背面宽而圆，腹部渐窄，两侧稍凹陷，略呈楔形；表面具排列成同心圆状的许多棘状突起，两侧面近中央凹入，基部形成浅缺刻；种脐圆形，向内凹入，位于种子基端；胚沿着种子内侧边缘环生，围绕着胚乳。

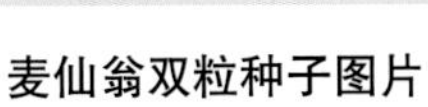

麦仙翁双粒种子图片

麦仙翁多粒种子图片

小糠草 *Agrostis alba* L.

【科】禾本科

【属】翦股颖属

【生长特征】多年生草本。具细长的根茎，无匍匐茎。秆直立，或基部膝曲后上升，具 3 ～ 6 节，草黄色。叶片扁平，边缘及两面稍粗糙；叶面近平滑。叶鞘稍短于或稍长于节间，光滑无毛；叶舌长圆形，干膜质，常有齿，先端钝圆。

【地理分布】分布于我国华北、长江流域及西南地区；欧亚大陆温带地区有分布。生长于田间和湿地等。

【种子形态】小穗草黄色；小穗柄长 1.0 ～ 2.0 mm，先端膨大；颖披针形，先端尖，具 1 脉成脊，脊上部微粗糙；外稃膜质，长 1.8 ～ 2.0 mm，透明，先端膨大呈细齿状，具不明显 5 脉，无芒，基盘两侧具短毛；内稃短于外稃，薄膜质，极透明，具 2 脉，顶端平截或微凹。颖果黄褐色，长椭圆形，长 1.1 ～ 1.5 mm，宽 0.4 ～ 0.6 mm，背腹面略扁，表面细颗粒状。脐圆形，稍突起；腹面具沟；胚卵形，长占颖果的 1/4 ～ 1/3。

小糠草双粒种子图片

小糠草多粒种子图片

巨序翦股颖 *Agrostis gigantea* Roth

【别名】小糠草

【科】禾本科

【属】翦股颖属

【生长特征】多年生草本。秆 2 ～ 6 节，平滑。叶鞘短于节间；叶舌干膜质，长圆形，先端齿裂；叶片扁平，线形，边缘和脉粗糙。

【地理分布】分布于我国东北三省、河北、内蒙古、山西、山东、陕西、甘肃、青海、新疆、江苏、江西、安徽、西藏及云南等地；俄罗斯和日本等地有分布。生长于低海拔的潮湿处、山坡、山谷和草地上。

【种子形态】小穗草绿色或带紫色，长 2.0 ～ 2.5 mm，穗梗粗糙；颖片舟形，两颖等长或第一颖稍长，先端尖，背部具脊，脊的上部或颖的先端稍粗糙；外稃长 1.8 ～ 2.0 mm，先端钝圆，无芒；基盘两侧簇生长达 0.2 ～ 0.4 mm 的毛；内稃长为外稃的 2/3 ～ 3/4，长圆形，顶端圆或微有不明显的齿。

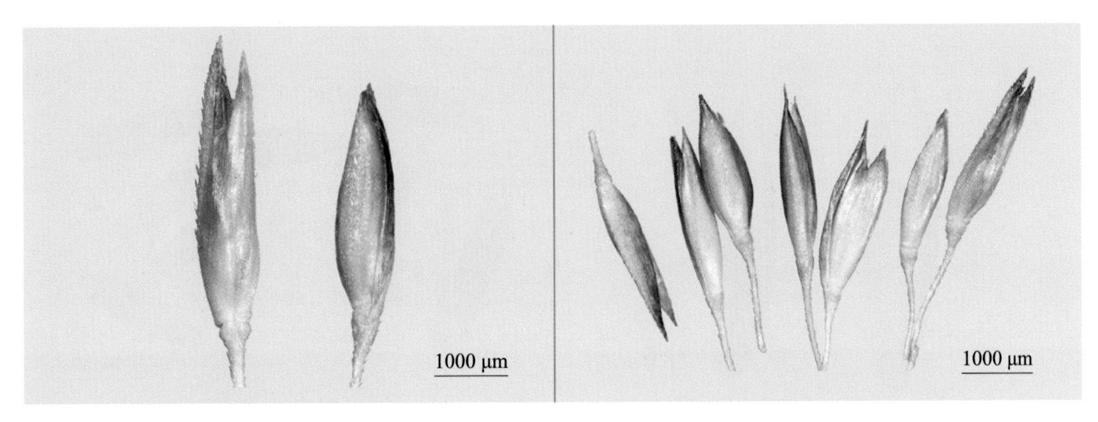

巨序翦股颖双粒种子图片　　巨序翦股颖多粒种子图片

匍匐翦股颖 *Agrostis stolonifera* L.

【别名】四季青、本特草

【科】禾本科

【属】翦股颖属

【生长特征】多年生草本。秆茎偃卧地面，具 3 ～ 6 节匍匐茎，节上着生根。叶片浅绿色，扁平，线形，两面均具小刺毛。

【地理分布】分布于我国华北、华东和华中等地区；欧亚大陆的温带和北美有分布。在微酸或微碱性土壤上均能生长，湿润气候、肥沃的土壤生长最好。

【种子形态】小穗成熟后呈紫铜色；外稃膜质，透明，具 5 脉，先端尖或呈细齿状，无芒；内稃短于外稃，膜质，极透明，具 2 脉，基部浅黄色，两侧有白色短茸毛或脱落。颖果浅棕色至棕褐色，披针状卵形或长矩圆形，有光泽，长约 1.0 mm ；腹面具沟；胚卵形，长约占颖果的 1/4。

匍匐翦股颖双粒种子图片　　匍匐翦股颖多粒种子图片

细弱翦股颖 *Agrostis capillaris* Sibth.

【科】禾本科

【属】翦股颖属

【生长特征】多年生草本。具短的根状茎。秆丛生，具 3 ～ 4 节，基部膝曲或弧形弯曲，上部直立，细弱。叶鞘平滑，一般长于节间；叶舌干膜质，先端平；叶片窄线形，质厚，边缘和脉上粗糙，先端渐尖。

【地理分布】分布于我国东北、西北、华北及浙江等地区；欧洲及亚洲的温带地区有分布。生长于牧场和草地等地。

【种子形态】小穗暗紫色或深草黄色，两侧扁；两颖近等长或第一颖稍长，颖披针形，质地较薄，先端尖，具 1 脉，并隆起成脊，脊上微粗糙；外稃长卵形，膜质，透明，具 2 脉，中脉稍突出成齿，无芒，基盘无毛；内稃短于外稃，具 2 脉，薄膜质，透明，顶部凹陷或钝。颖果黄褐色，卵形，长约 1.0 mm，宽约 0.4 mm ；脐圆形，灰白色，位于果实腹面基部；胚卵圆形，褐色，长约为颖果的 1/3。

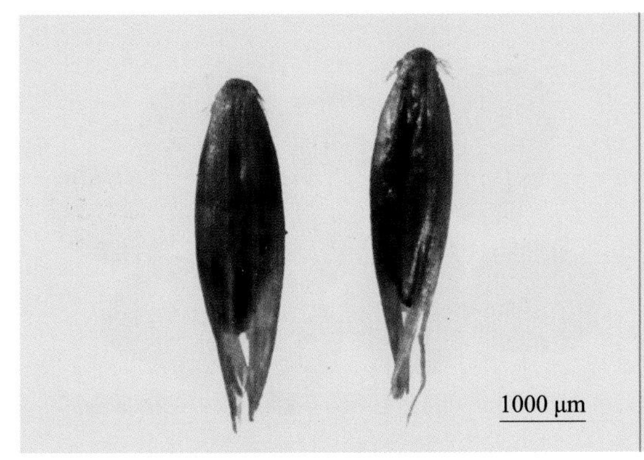

细弱翦股颖双粒种子图片

细弱翦股颖多粒种子图片

10 沙葱 *Allium mongolicum* Regel

【别名】蒙古韭、蒙古葱、蒙葱

【科】百合科

【属】葱属

【生长特征】多年生草本。鳞茎细长，圆柱形，外皮纤维质，黄褐色。叶基生，半圆柱形或圆柱形，肉质，具灰绿色薄粉层，手摸时变绿色，有光泽。

【地理分布】分布于我国新疆、青海、甘肃、宁夏、陕西、内蒙古和辽宁等地；蒙古国西南部也有分布。生长于荒漠、砂地或干旱山坡等。

【种子形态】种子黑色，为不规则多面体形；表面具光泽，有凹槽，各面交接处有翅状细棱，细棱有时扭曲；背面拱圆或稍拱，有塌陷；腹面近平，有内陷；表面有鳞片状颗粒纵棱和皱起，较平整；种脐位于基部腹面的一侧，凹陷。

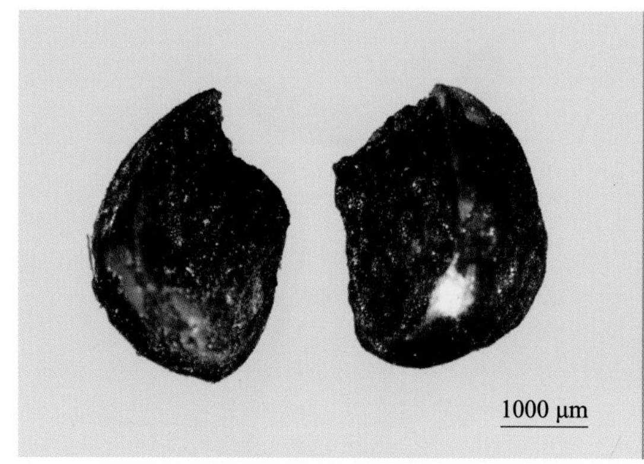

沙葱双粒种子图片

沙葱多粒种子图片

草原看麦娘 *Alopecurus pratensis* L.

【别名】大看麦娘

【科】禾本科

【属】看麦娘属

【生长特征】多年生草本。秆少数丛生，直立或基部稍膝曲，具 3 ～ 5 节。叶鞘光滑，大都短于节间，松弛；叶舌膜质，先端钝圆；叶片上面粗糙，下面光滑。

【地理分布】分布于我国东北及西北地区；欧亚大陆之寒温带也有分布。生长于高山草地、阴坡草地、谷地及林缘草地等。

【种子形态】小穗椭圆形，两侧扁，长 4.5 ～ 6.0 mm，宽 1.8 ～ 2.2 mm ；具两颖，颖片膜质，浅紫褐色，具 3 脉；脊上有纤毛，侧脉具短毛，基部 1/3 互相连合；外稃等长或稍长于颖，顶端生微毛，芒自外稃背面近基部伸出，芒长 5.8 ～ 7.2 mm，芒柱稍扭转，外稃边缘近基部相连合，内稃缺。颖果半椭圆形或纺锤形，扁状，长 2.2 ～ 2.6 mm，宽 1.0 ～ 1.5 mm，厚 0.5 mm ；果皮浅黄褐色；脐深褐色；胚近圆形，长约占果体的 1/3。

草原看麦娘双粒种子图片

草原看麦娘多粒种子图片

籽粒苋 *Amaranthus hypochondriacus* L.

【别名】千穗谷

【科】苋科

【属】苋属

【生长特征】一年生草本。茎直立，有钝棱，无毛或上部微有柔毛。单叶，互生，倒卵形或卵状椭圆形，顶端急尖或短渐尖，具凸尖，基部楔形，全缘或波状缘，无毛，上面常带紫色。

【地理分布】我国东自东海之滨，西至新疆塔城，北至哈尔滨，南抵长江流域均有引种；原产于热带的中美洲和南美洲，墨西哥、美国、秘鲁和亚洲的尼泊尔、印度、泰国等有引种种植。

【种子形态】种子倒卵状球形或近球形，淡黄色、红棕色或紫黑色，直径约 1.0 mm，两侧呈双凸透镜形，边缘锐；表面光滑，有光泽；种子一侧边缘具暗褐色鱼嘴状乳突，乳突至种子透镜面中心具倒披针形凹陷；胚乳白色。胞果近菱状卵形，环状横裂，绿色，上部带紫色。

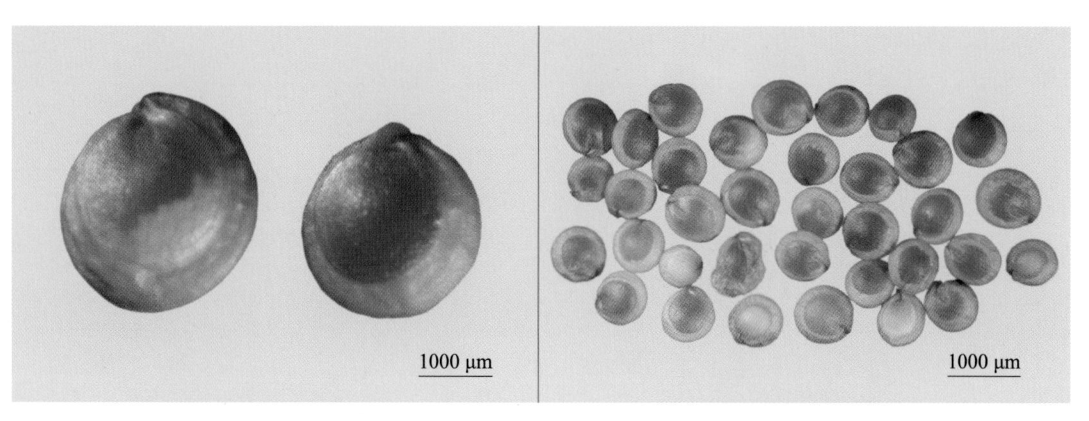

籽粒苋双粒种子图片　　籽粒苋多粒种子图片

13 反枝苋 *Amaranthus retroflexus* L.

【别名】西风谷、野苋菜、苋菜

【科】苋科

【属】苋属

【生长特征】一年生草本。茎直立，粗壮，单一或分枝，淡绿色，有时具带紫色条纹，稍具钝棱，密生短柔毛。叶互生，菱状卵形或椭圆状卵形，顶端微凸，有小芒尖，基部楔形，全缘，两面均被柔毛。

【地理分布】分布于我国东北、华北和西北等地区；原产于热带美洲，现分布于世界各地。生长在田园内、农地旁及草地上。

【种子形态】胞果扁卵形或球形，长 1.5 ～ 2.0 mm，环状横裂，薄膜质，淡绿色，包裹在宿存花被内。种子倒卵形或近球形，棕色或黑色，长 0.9 ～ 1.3 mm，宽 0.8 mm；两侧略扁，呈双凸透镜形，边缘较薄成一圈窄带状周边，周边上有细颗粒的条纹；表面光滑，具强光泽；种脐位于种子基部缺口处。

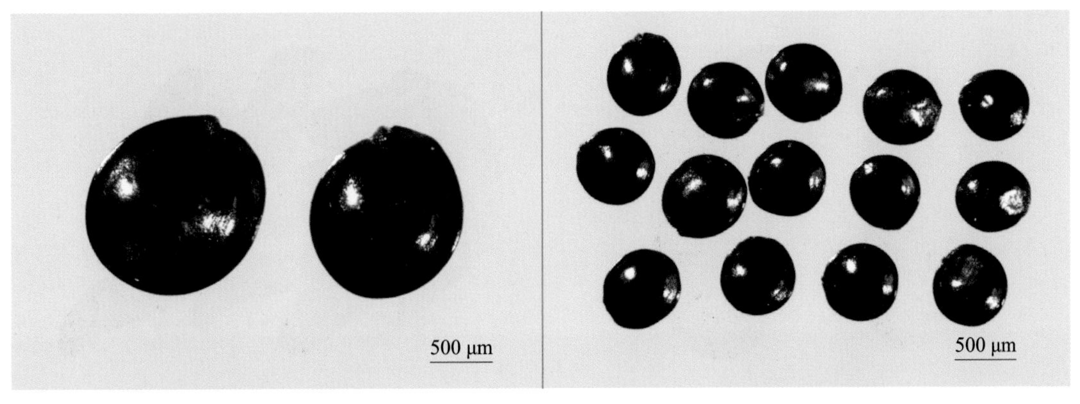

反枝苋双粒种子图片　　反枝苋多粒种子图片

紫穗槐 *Amorpha fruticosa* L.

【别名】苕条、棉条、椒条、棉槐、穗花槐、紫翠槐

【科】豆科

【属】紫穗槐属

【生长特征】落叶灌木。茎丛生；灰褐色小枝，幼时密被短柔毛，后渐变无毛。叶互生，奇数羽状复叶；托叶线形，脱落；小叶 11 ～ 25 片，卵形或椭圆形，先端锐或微凹，有短尖，基部宽楔形或圆，上面无毛或疏被毛，下面被白色短柔毛和黑色腺点。

【地理分布】分布于我国东北、华北、西北及山东、河南、湖北和四川等地；原产于美国，俄罗斯、朝鲜有分布。栽植于河岸、河堤、沙地、山坡及铁路沿线等。

【种子形态】荚果近镰刀形，两侧扁，果皮暗灰褐色，表面粗糙，皱缩，并具球形或椭圆形的腺点。种子椭圆形，两侧稍扁，一端钝圆，另一端向腹面弯曲，呈“喙”状，长 3.6 ～ 4.5 mm，宽 1.5 ～ 1.8 mm，厚 1.0 ～ 1.4 mm；种皮褐色至棕褐色，具微细颗粒，表面平滑，有光泽，外被油脂状黏性物。种脐圆形，凹陷，中央深褐色，周围有两圈晕环，呈褐色，位于种子腹部近基端；种瘤在相对一端，二者之间有一条细线，为深褐色的种脊。

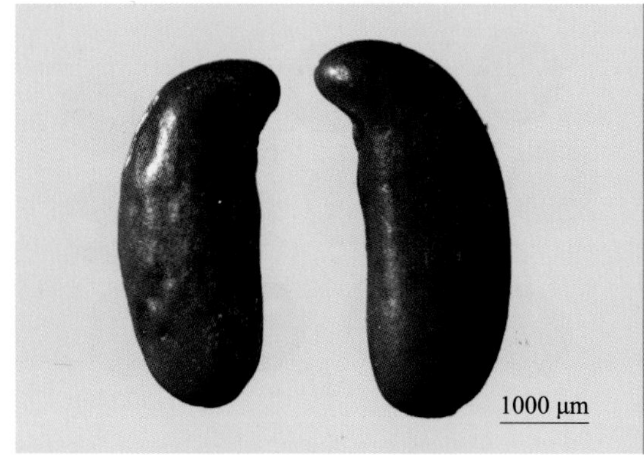

紫穗槐双粒种子图片

紫穗槐多粒种子图片

15 燕麦草 *Arrhenatherum elatius* (L.) Pressl

【别名】大蟹钓、长青草

【科】禾本科

【属】燕麦草属

【生长特征】多年生草本。秆直立或基部膝曲，具 4 ～ 5 节。叶鞘松弛，平滑无毛，短于或基部者长于节间；叶舌膜质，顶端钝或平截；叶片扁平，粗糙或下面较平滑。

【地理分布】我国引种栽培，为饲料及观赏植物；原产于欧洲地中海一带，各国引种栽培。

【种子形态】小穗黄色、黄绿色至灰绿色，长 5.8 ～ 8.2 mm；颖点状粗糙，第一颖具 1 脉，长 4.0 ～ 5.0 mm，第二颖几与小穗等长，具 3 脉；外稃粗糙，具 7 脉，无毛或疏生长柔毛，基盘着白色柔毛；第一外稃先端具 2 尖齿，边缘膜质，近基部具一膝曲而扭转的芒，长约为其稃体的 2 倍，伸出于小穗之外，芒柱淡黄褐色至褐色，内稃透明膜质，具 2 脊，先端锐尖；第二外稃上部着生直或膝曲状芒，长约为稃体的 1 倍，有时缺，内稃膜质，具 2 脊；基盘具白色鬃毛。颖果长椭圆形，顶端具茸毛；果皮淡黄色，表面被短柔毛；胚椭圆形，长约占果体长的 1/3。

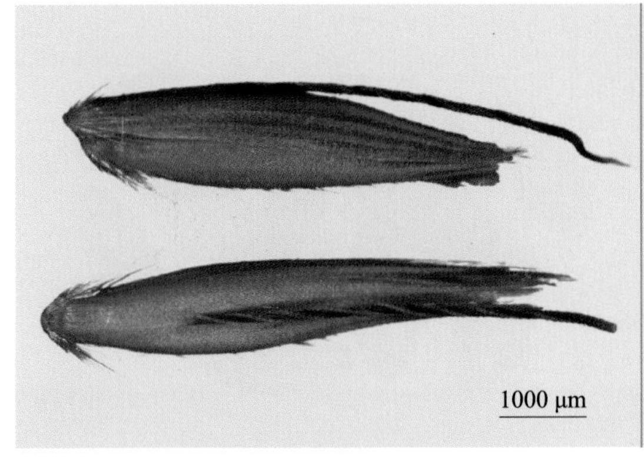

燕麦草双粒种子图片

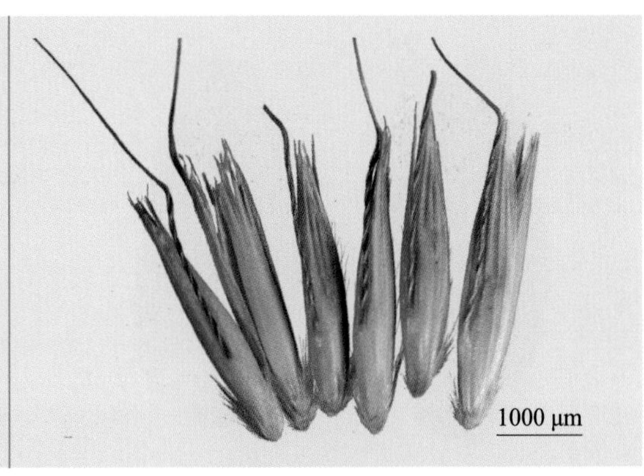

燕麦草多粒种子图片

黑沙蒿 *Artemisia ordosica* Kraschen.

【别名】沙蒿、油蒿

【科】菊科

【属】蒿属

【生长特征】半灌木。茎多枚，分枝多，具纵条棱。叶稍肉质，一或二回羽状全裂，裂片丝状条形；中部叶卵形或宽卵形，一回羽状全裂，裂片狭线形；上部叶较短小，3 ～ 5 全裂或不裂，黄绿色。

【地理分布】原产于我国内蒙古、河北（北部）及山西（北部），现陕西、宁夏、甘肃及新疆有引种。生长于荒漠与半荒漠地区的流动与半流动沙丘或固定沙丘以及干草原与干旱的坡地上。

【种子形态】瘦果倒卵形或长圆形，棕褐色至黄褐色，长 1.0 ～ 1.5 mm，宽为长的 1/5 ～ 1/4；表面光滑，有光泽；顶部圆，腹面稍内弯；果壁上具细纵纹及胶质物；果脐圆形，浅黄色凹陷，位于基部偏腹面一侧。

黑沙蒿双粒种子图片

黑沙蒿多粒种子图片

白沙蒿 *Artemisia sphaerocephala* Krasch.

【别名】子蒿

【科】菊科

【属】蒿属

【生长特征】半灌木。茎通常多枚，成丛，稀单一，灰黄色或灰白色，光滑。叶整齐或不整齐，一或二回羽状全裂，裂片条形或丝状条形；中部以上的叶 2 ～ 3 裂或不裂；嫩叶被短柔毛，后脱落，灰绿色。

【地理分布】分布于我国内蒙古、山西、陕西、宁夏、甘肃、青海及新疆等地；蒙古国有分布。生长于荒漠地区的流动、半流动或固定的沙丘上及干旱的荒坡上。

【种子形态】瘦果倒卵形或长倒卵形，棕褐色至咖啡色，顶端和周围色深；表面光滑，有光泽；腹面内弯，顶端圆，无衣领状物；下部收缩，基部钝圆；果脐圆形，黄棕色，位于基部偏腹面一侧；果壁上具胶质物。

白沙蒿双粒种子图片

白沙蒿多粒种子图片

 沙打旺 *Astragalus adsurgens* Pall.

【别名】直立黄芪、斜茎黄芪、麻豆秧

【科】豆科

【属】黄芪属

【生长特征】多年生草本。茎直立或斜上，多数或数个丛生，有毛或近无毛。奇数羽状复叶；叶柄较叶轴短；托叶三角形，渐尖，基部稍合生或有时分离；小叶 9 ～ 25 片，长圆形、近椭圆形或狭长圆形，基部圆形或近圆形，有时稍尖，上面疏被伏贴毛，下面较密。

【地理分布】分布于我国东北、华北、华中、西北和西南地区；俄罗斯、日本、朝鲜和北美温带地区都有分布。生长于路边、草甸、河边及沟边等地。

【种子形态】种子近方形、近菱形或肾状倒卵形，两侧扁，有时微凹，长 1.6 ～ 2.0 mm，宽 1.2 ～ 1.6 mm，厚 0.6 ～ 0.9 mm；胚根尖突出呈鼻状，与子叶分开；表面褐色或褐绿色，具稀疏的黑色斑点或无，具微颗粒，近光滑；种脐圆形，在侧棱边上，近中部，稍凹入，呈一白圈，中间有一黑点，具脐沟；晕轮黄褐色，隆起。种瘤与脐条连生，在种脐的下边，不明显，距种脐 0.4 mm ；脐条呈突状，黄褐色。有胚乳，很薄。

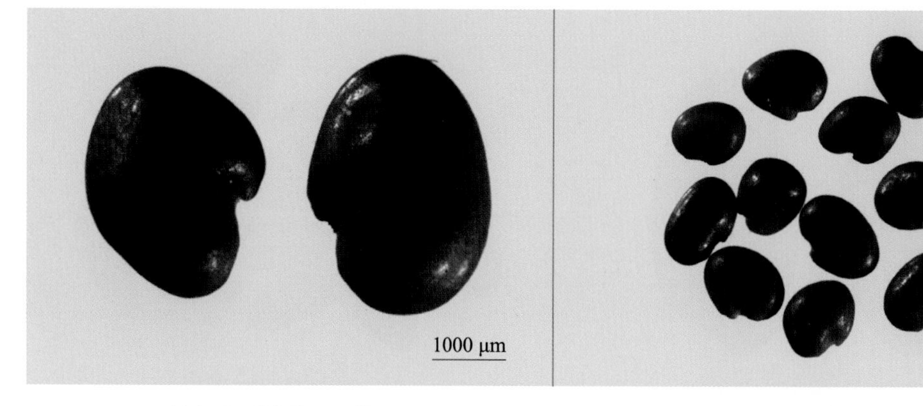

沙打旺双粒种子图片　　沙打旺多粒种子图片

鹰嘴紫云英 *Astragalus cicer* L.

【别名】鹰嘴黄芪

【科】豆科

【属】黄芪属

【生长特征】多年生草本。具有粗壮而强大的根茎，根茎芽出土后即成为新的茎枝。茎较细，基部紫红色，上部绿色，匍匐或半直立，光滑、中空。奇数羽状复叶；小叶长椭圆形，叶面和叶缘密生白色茸毛；托叶披针形，和叶柄互生。

【地理分布】我国辽宁、北京、山西、陕西、河南、浙江和云南等地种植；原产于欧洲。适于在干旱地区种植。

【种子形态】种子心状椭圆形，扁，不扭曲，长 2.2 ～ 3.0 mm，厚 1.0 ～ 1.3 mm；胚根粗，长为子叶长的 2/3 或稍短，两者之间有一白色、近楔形的线；表面浅黄色、黄褐色或绿黄色；光滑，略有光泽；种脐圆形，较种皮色深，呈白色小圈，靠近种子长的中央；晕轮较种皮色深，距种脐 0.5 mm；脐条明显；胚乳极薄。

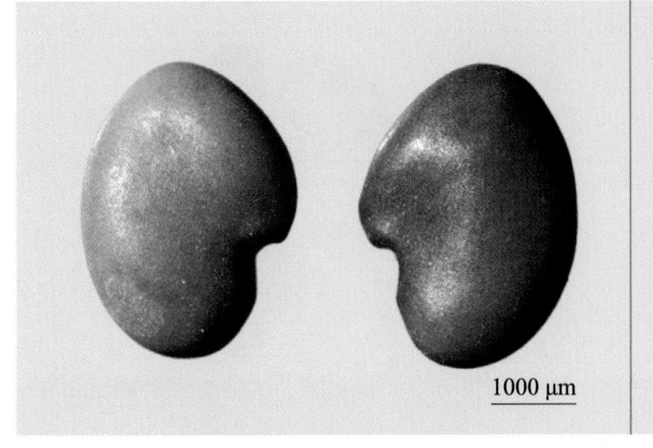

鹰嘴紫云英双粒种子图片

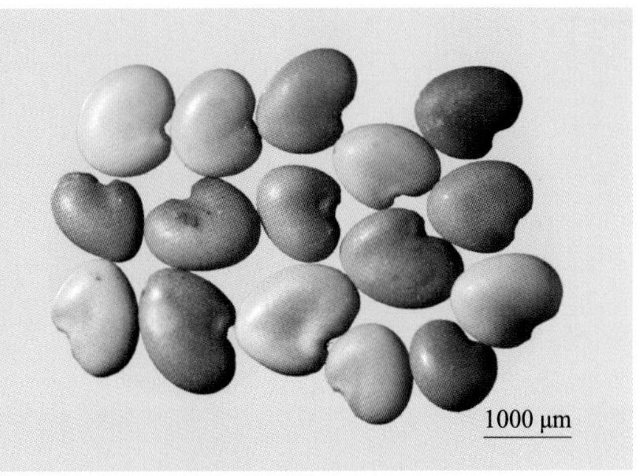

鹰嘴紫云英多粒种子图片

草木樨状黄芪 *Astragalus melilotoides* Pall.

【别名】草木樨状紫云英、扫帚苗、马梢

【科】豆科

【属】黄芪属

【生长特征】多年生草本。茎直立或斜生，多分枝，具条棱，被白色短柔毛或近无毛。单数羽状复叶，有 3 ～ 7 片小叶；叶柄与叶轴近等长；托叶离生，三角形或披针形；小叶长圆状楔形或线状长圆形，先端截形或微凹，基部渐狭，具极短的柄，两面均被白色细伏贴柔毛。

【地理分布】分布于我国华北及山东、陕西、甘肃和河南等地；俄罗斯、蒙古国有分布。生长于向阳山坡、路旁草地或草甸草地等。

【种子形态】种子倒卵状肾形，两侧扁平或微凹，长 2.5 ～ 3.0 mm，宽 2.0 ～ 2.4 mm，厚 0.9 ～ 1.2 mm；胚根尖呈鼻状，与子叶分开，为子叶长的 1/2，两者之间界线不明显或有一浅沟；表面黑色，光滑，有光泽，具微细颗粒；种脐圆形，白色，在侧棱边上，近中部，凹入，直径约 0.8 mm；种瘤距种脐约 0.48 mm，脐条不明显；胚乳极薄。

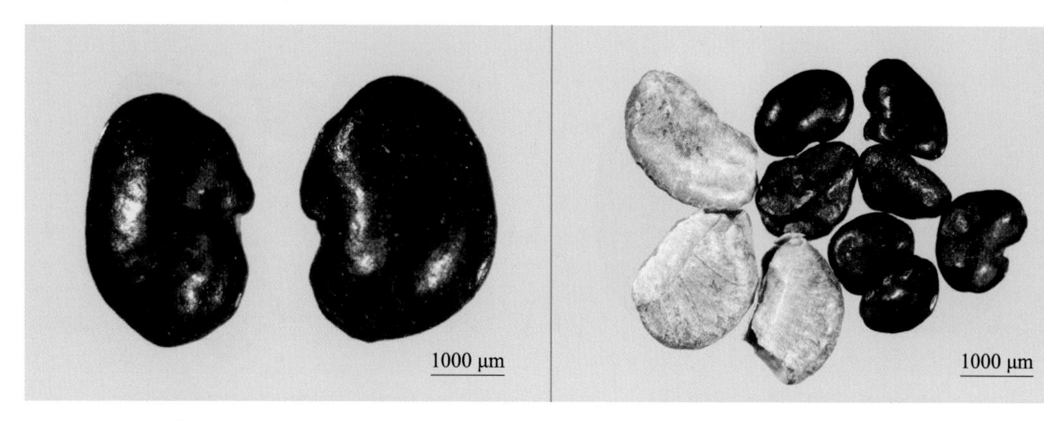

草木樨状黄芪双粒种子图片　　草木樨状黄芪多粒种子图片

21 紫云英 *Astragalus sinicus* L.

【别名】红花菜、翘摇、米布袋

【科】豆科

【属】黄芪属

【生长特征】一年生或二年生草本。茎直立或匍匐，无毛。单数羽状复叶，具 7 ～ 13 片小叶；叶柄较叶轴短；托叶卵形，离生，先端尖，具缘毛；小叶倒卵形或椭圆形，先端钝圆或微凹，基部宽楔形，上面近无毛，下面疏被白色柔毛。

【地理分布】分布于我国西北、华北及南方各地；原产于我国，日本也有分布。生长于山坡、路旁、溪边及荒地等。

【种子形态】种子肾形或倒卵形，长约 3.0 mm，宽约 1.4 mm，两侧扁平，背部拱圆，腹部内凹，胚根端部明显突出，先端向腹面弯曲，呈沟状。种皮红褐色，表面光滑，强光泽，种脐矩椭圆形，弯曲，中间有一条脐沟，位于腹部凹陷内；晕环隆起，较种皮色深，距种脐 0.3 ～ 0.7 mm；脐条不明显，有胚乳。

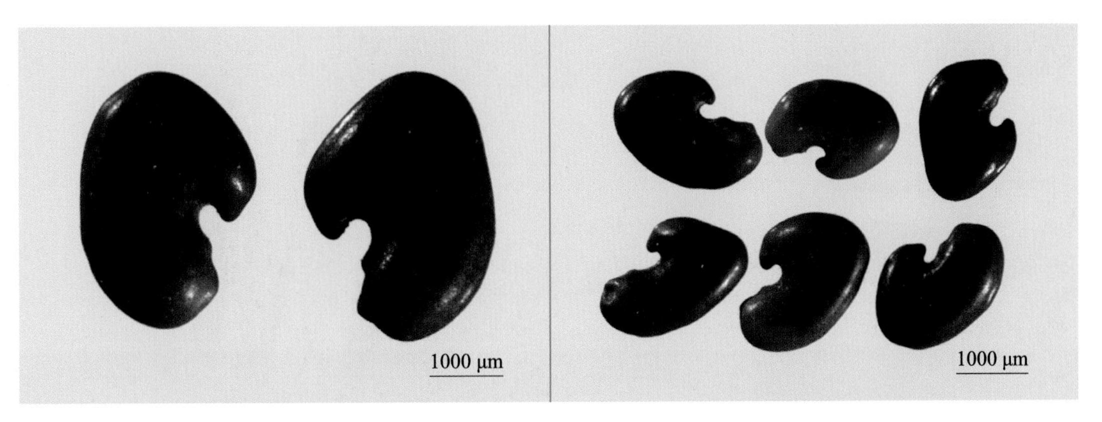

紫云英双粒种子图片　　紫云英多粒种子图片

22 野燕麦 *Avena fatua* L.

【别名】乌麦、燕麦草

【科】禾本科

【属】燕麦属

【生长特征】一年生草本。秆直立，光滑无毛，具 2 ～ 4 节。叶鞘松弛，光滑或基部被微毛；叶舌透明膜质；叶片扁平，微粗糙，或上面和边缘疏生柔毛。

【地理分布】分布于我国南北各地；欧洲、亚洲、非洲的温寒带地区，北美有分布。生长于荒芜田野及农田边等。

【种子形态】小穗长 1.8 ～ 2.5 cm，含 2 ～ 3 朵小花，其柄弯曲下垂，顶端膨胀；小穗轴节间披针形，先端斜截，长约 3 mm，密生淡棕色或白色硬毛，与内稃紧贴；颖草质，几等长，通常具9脉；外稃革质，棕色或棕黑色，矩圆形，质地坚硬，长1.5～2.0 cm，宽 2.5 ～ 3.0 mm，背面中部以下具淡棕色或白色硬毛，芒自稃体中部稍下处伸出，长 2.0 ～ 3.0 cm，膝曲扭转，芒柱黑棕色；基盘密生淡棕色或白色的鬃毛，凹陷，斜截；内稃具 2 脊，脊中部以上具短柔毛。颖果矩圆形，米黄色，长 7.0 ～ 9.0 mm，宽约 2.0 mm，密生金黄色长柔毛；脐圆形，淡黄色；腹面具沟；胚椭圆形，长占颖果的 1/5 ～ 1/4。

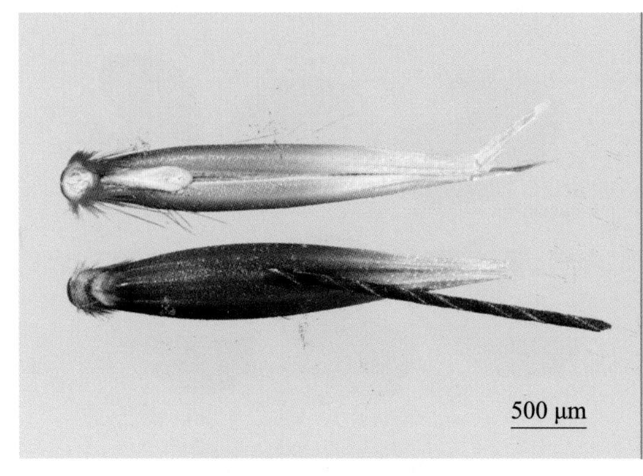

野燕麦双粒种子图片

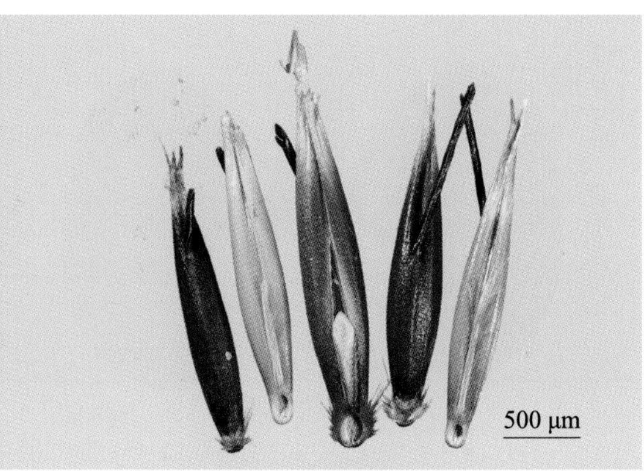

野燕麦多粒种子图片

燕麦 *Avena sativa* L.

【别名】香麦、铃铛麦

【科】禾本科

【属】燕麦属

【生长特征】一年生草本。秆直立或基部稍倾斜，常光滑无毛。叶鞘松弛，光滑或基部被微毛；叶舌透明膜质；叶片扁平，微粗糙，或上面和边缘疏生柔毛。

【地理分布】分布于我国东北、华北和西北的高寒地区，以内蒙古、河北、甘肃和山西种植面积最大；欧洲、非洲和亚洲等温带地区有分布。

【种子形态】小穗轴节间矩圆形，先端膨大，无毛或疏生短白毛；颖草质，等长，具9脉；外稃革质，棕色或棕黑色，矩圆形；第一外稃背部无毛，基盘仅具少数短毛或近于无毛，无芒，或仅背部有一较直的芒；第二外稃无毛，通常无芒；内稃具2脊，脊中部以上具短柔毛。颖果黄褐色，长圆柱形，腹面具纵沟，长约1.0 cm；胚椭圆形，长占颖果的1/5～1/4。

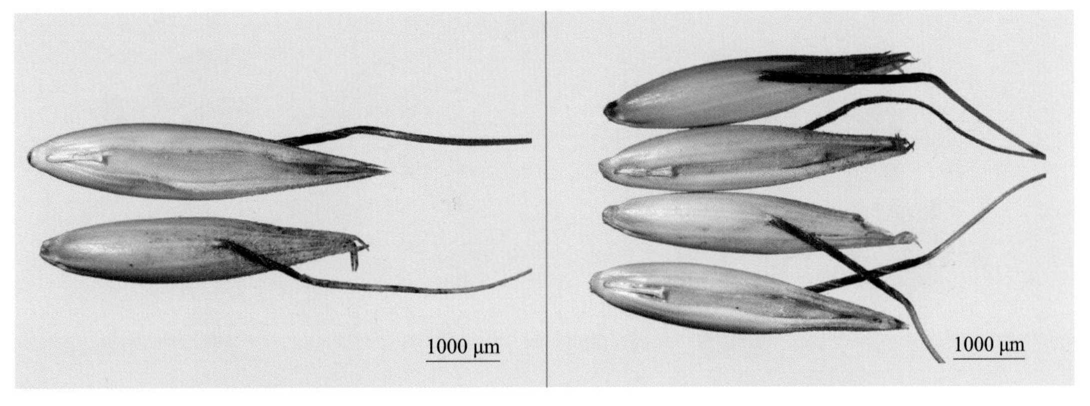

燕麦双粒种子图片　　燕麦多粒种子图片

24 地毯草 *Axonopus compressus* (Sw.) P. Beauv.

【科】禾本科

【属】地毯草属

【生长特征】多年生草本。秆压扁，节密生灰白色柔毛。叶鞘松弛，基部者互相跨复，压扁，背部具脊，边缘质较薄，近鞘口处常疏生毛；叶片扁平，质地柔薄，两面无毛或上面被柔毛，近基部边缘疏生纤毛。

【地理分布】分布于我国海南省；原产于美国南部、墨西哥及巴西，全球各热带、亚热带地区有引种栽培。生长于路边、疏林下，尤以橡胶林下或林缘最多。

【种子形态】小穗长圆状披针形，单生，长 2.2 ～ 2.5 mm，疏生柔毛；第一颖缺；第二颖与第一外稃等长或第二颖稍短；第一内稃缺；第二外稃革质，短于小穗，具细点状横皱纹，先端钝而疏生细毛，边缘稍厚，包着同质内稃；鳞片 2，折叠，具细脉纹。

地毯草双粒种子图片

地毯草多粒种子图片

25 饲用甜菜 *Beta vulgaris* L. var. *lutea* DC.

【别名】莙菜、甜菜疙瘩

【科】藜科

【属】甜菜属

【生长特征】二年生草本。茎直立，有分枝，具条棱及色条。基生叶矩圆形，具长叶柄，上面皱缩不平，略有光泽，下面有粗壮凸出的叶脉，全缘或略呈波状，先端钝，基部楔形、截形或略呈心形；茎生叶卵形或披针状矩圆形，互生，先端渐尖，基部渐狭入短柄。

【地理分布】分布于我国南北各地，东北、华北和西北等地种植较多。适于在昼夜温差大的凉爽气候生长。

【种子形态】种子近球形，红褐色至暗褐色，双凸镜状，直径 2.0 ～ 3.0 mm ；表面粗糙，无光泽，具蜂窝状凹陷和凸起的褶皱，边缘有 1 ～ 2 圈凸棱；种脐黄褐色或浅黄色，钝圆锥状突出，位于基部一侧平截面上；晕轮青黄色或黄褐色，圆形；胚苍白色，环形；胚乳粉状，白色。

饲用甜菜双粒种子图片

1000 μm

饲用甜菜多粒种子图片

芥菜 *Brassica juncea* (L.) Czern.

【别名】芥

【科】十字花科

【属】芸薹属

【生长特征】一年生草本。茎直立，有分枝。基生叶宽卵形至倒卵形，顶端圆钝，基部楔形，大头羽裂，具 2 ～ 3 对裂片，或不裂；茎下部叶较小，边缘有缺刻或牙齿，有时具圆钝锯齿，不抱茎；茎上部叶窄披针形，边缘具不明显疏齿或全缘。

【地理分布】全国各地栽培；热带和亚热带有野生。生长于田间。

【种子形态】种子球形，紫褐色，直径 1.5 ～ 2.0 mm ；胚根不显著；子叶为具凹头的倒肾形；种脐小，呈短条形，外圈为黑色；表面暗淡红褐色至黑褐色；有细微的网状纹，清晰，网眼浅。

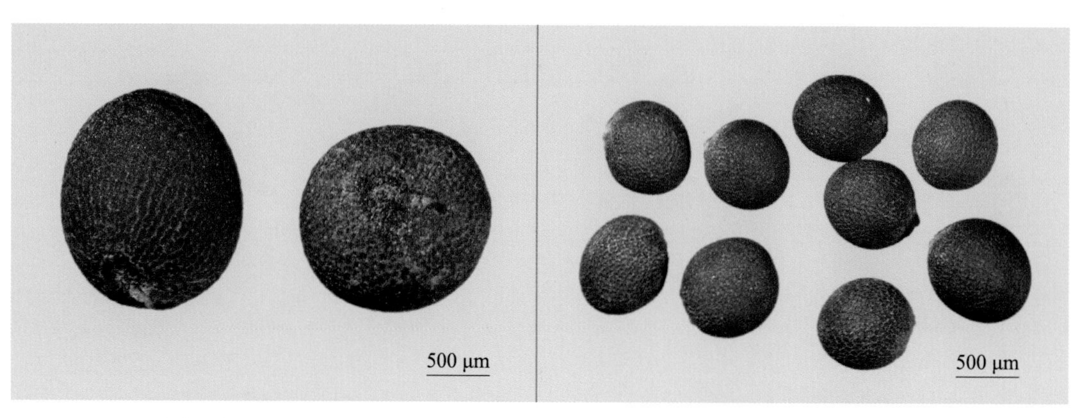

芥菜双粒种子图片　　芥菜多粒种子图片

扁穗雀麦 *Bromus catharticus* Vahl.

【别名】野麦子、澳大利亚雀麦

【科】禾本科

【属】雀麦属

【生长特征】短期多年生草本。茎直立，丛生。叶鞘闭合，被柔毛，或渐脱落无毛；叶舌膜质，具不整齐的缺刻；叶片披针形，散生柔毛。

【地理分布】我国华东地区及内蒙古、台湾等地引种栽培；原产于南美洲的阿根廷，澳大利亚、新西兰广为栽培。生长于山坡、沟边及田间等地。

【种子形态】小穗两侧极扁，穗轴节间矩圆形；颖尖披针形，具脊，脊上有微刺毛；第一颖长约 10.0 mm，具 7 ～ 9 脉；第二颖长 12.0 ～ 15.0 mm，具 9 ～ 11 脉；外稃两侧扁，具 9 ～ 11 脉，中脉成脊，脉上具刺状粗糙，脊脉较宽，先端两裂，芒自裂处伸出，长约 2.0 mm；基盘钝圆，无毛；内稃短于外稃，边缘膜质，窄狭，具 2 脊，两脊间有窄沟。颖果矩圆形，棕褐色，极扁，两端尖，顶端具淡黄色毛茸；腹面具较深的窄沟。脐不明显；胚椭圆形，位于背面基部，长约占颖果的 1/8。

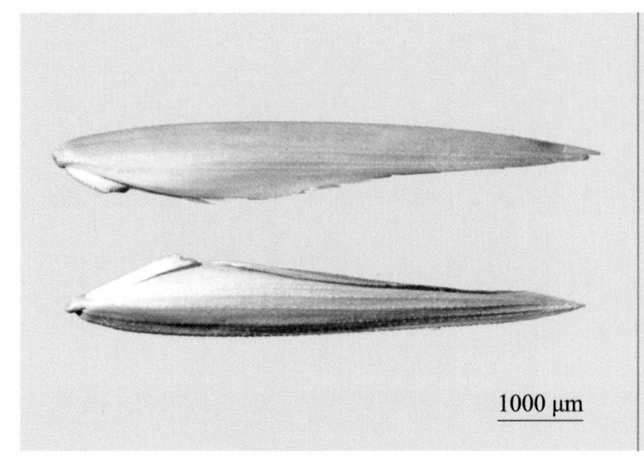

扁穗雀麦双粒种子图片

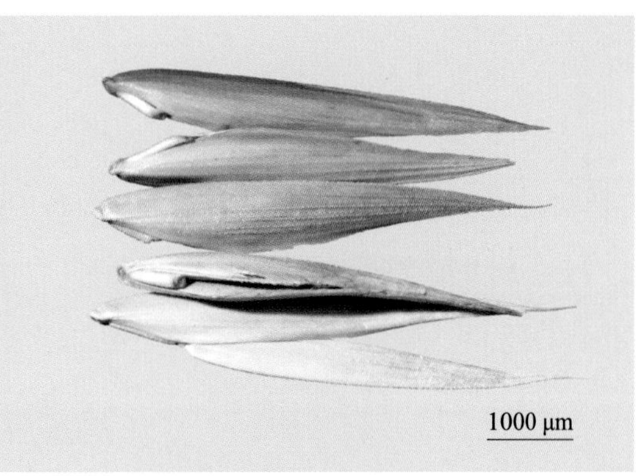

扁穗雀麦多粒种子图片

28 大麦状雀麦 *Bromus hordeaceus* L.

【别名】毛雀麦

【科】禾本科

【属】雀麦属

【生长特征】一年生草本。秆直立，紧接花序以下的部分生微毛，节生细毛。叶鞘闭合，被柔毛；叶片线形扁平，质地柔软，两面生短柔毛。

【地理分布】分布于我国新疆、甘肃等地，为引种栽培的牧草资源；原产于欧洲、亚洲西伯利亚和喜马拉雅西部，北美有引种。

【种子形态】小穗长圆形，灰褐色，长 12.0 ～ 20.0 mm，宽 10.0 ～ 15.0 mm ；小穗轴节间圆筒形，长约 1.0 mm，具小刺毛；颖披针形，边缘膜质，带绿色，先端钝，被短柔毛；第一颖具 3 ～ 5 脉，第二颖具 5 ～ 7 脉；外稃背面长椭圆形，灰褐色，上部较宽，长 8.0 ～ 9.0 mm，宽 2.0 ～ 3.0 mm，具 7 ～ 9 脉，被短柔毛，先端钝，二裂，芒自裂处稍下伸出，长 4.0 ～ 6.0 mm，粗糙，内稃与颖果紧贴，不易分离，等长或稍短于颖果，脊上具硬毛。颖果长椭圆形，棕色，长约 7.0 mm，宽 1.5 ～ 2.0 mm，上部较宽，顶部具毛茸；腹面不具沟；胚椭圆形，长占颖果的 1/6 ～ 1/5。

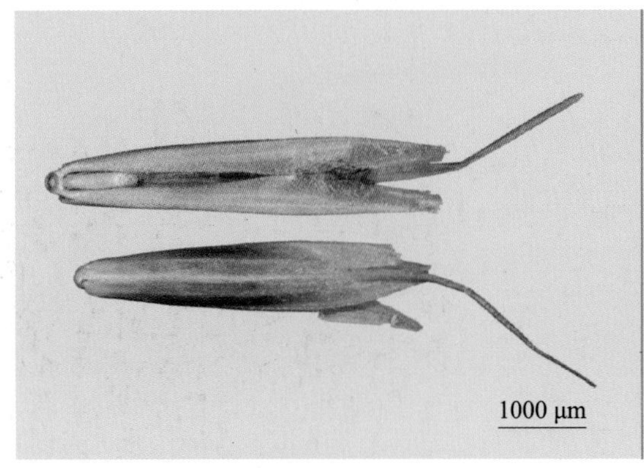

大麦状雀麦双粒种子图片

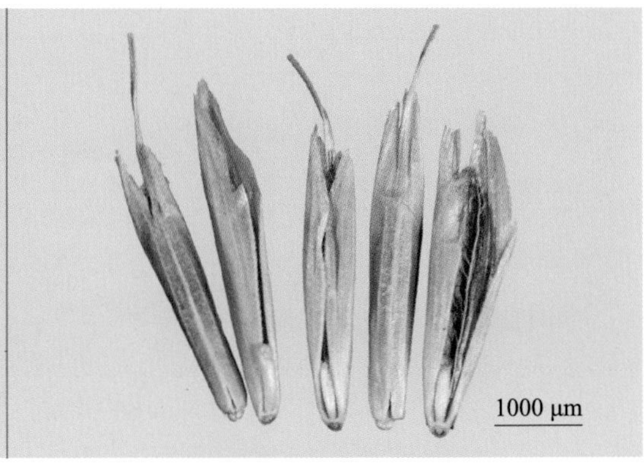

大麦状雀麦多粒种子图片

无芒雀麦 *Bromus inermis* Leyss.

【别名】光雀麦、无芒草、禾萱草

【科】禾本科

【属】雀麦属

【生长特征】多年生草本。茎直立，疏丛生，无毛或节下具倒毛。叶鞘闭合，长度常超过上部节间，光滑或幼时密被茸毛；叶片淡绿色，表面光滑，叶脉细，叶缘有短刺毛；无叶耳；叶舌膜质，短而钝。

【地理分布】分布于我国东北、华北和西北等地；欧亚大陆温带地区有分布。生长于山坡、草地、河边及路旁等地。

【种子形态】小穗两侧扁，穗轴节间矩圆形，具短刺毛；颖披针形，边缘膜质，第一颖具 1 脉；第二颖具 3 脉，中脉成脊，脊上有纤毛；外稃宽披针形，褐黄色，基部楔形，具 5 ～ 7 脉，无毛或脉上具微毛，顶端钝或具裂口，其背面顶端有一长 1.0 ～ 2.0 mm 的细短芒；内稃短于外稃，膜质，具 2 脊，脊上有纤毛。颖果倒披针形，长约 8.0 mm，宽约 2.0 mm，棕色，极扁，背腹面中间有一条棕褐色纵隆起的线纹，顶端具白色毛茸，基部渐尖；胚椭圆形，长占颖果的 1/8 ～ 1/7，具沟，色与颖果相同。

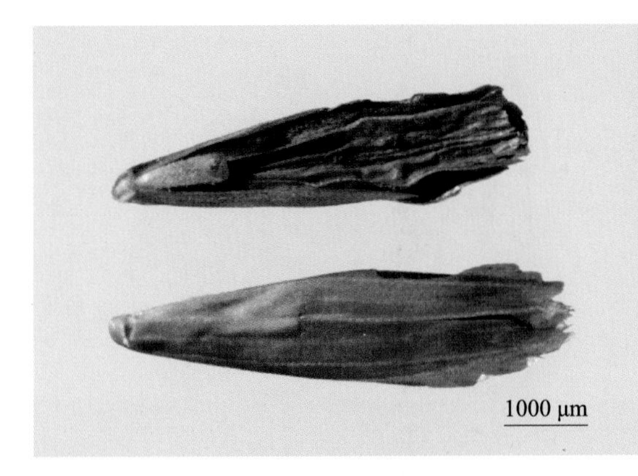

无芒雀麦双粒种子图片

无芒雀麦多粒种子图片

野牛草 *Buchloe dactyloides* (Nutt.) Engelm.

【科】禾本科

【属】野牛草属

【生长特征】多年生低矮草本。具匍匐茎。秆纤细直立。叶鞘疏生柔毛，叶舌短小，有细柔毛；叶线形，粗糙，两面疏生柔毛；叶灰绿色，卷曲，匍匐茎广泛延伸，结成厚密的草皮。

【地理分布】我国西北、华北及东北地区广泛种植；原产于北美，世界各国均有引种栽培。

【种子形态】雄性小穗无柄；颖较宽，不等长，具 1 脉；外稃白色，先端稍钝，具 3 脉；内稃与外稃约等长，具 2 脊。雌性小穗具两颖；第一颖质薄，具小尖头，有时亦可退化；第二颖硬革质，背部圆形，下部膨大，上部紧缩，先端有 3 个绿色裂片，边缘内卷，脉不明显；外稃厚膜质，卵状披针形，背腹压扁，具 3 脉，下部宽而上部窄，先端 3 裂，中裂片较大；内稃与外稃约等长，下部宽广而上部卷折，具 2 脉。颖果卵圆形，黄褐色至褐色，背平腹凸；胚长椭圆形，凹陷，长为颖果的 5/6。

野牛草双粒种子图片　　野牛草多粒种子图片

31 阿拉善沙拐枣 *Calligonum alaschanicum* A. Los.

【别名】大果沙拐枣

【科】蓼科

【属】沙拐枣属

【生长特征】灌木。分枝开展，有节；老枝暗灰色，小枝淡灰黄色。叶退化成鳞片状，互生，条形或锥形；托叶短鞘状。

【地理分布】分布于我国内蒙古鄂尔多斯高原的库布齐沙漠西部、阿拉善高原腾格里沙漠南部及宁夏地区，为内蒙古西部沙区的特有种。生长于流动沙丘和沙地上。

【种子形态】瘦果长卵形，长 2.0 ～ 2.5 cm，向左或向右扭转；果肋突起或突起不明显，沟槽稍宽或狭窄，每肋有 2 ～ 3 行刺，刺较长，长于瘦果宽度约 2 倍，细弱，毛发状，质脆，易折断，较密或较稀疏，中部或中下部呈叉状二至三回分叉，顶枝开展，交织或伸直，基部微扁稍宽，分离或少数稍连合；基部有圆柱形短柄，与瘦果同色；胚乳白色。

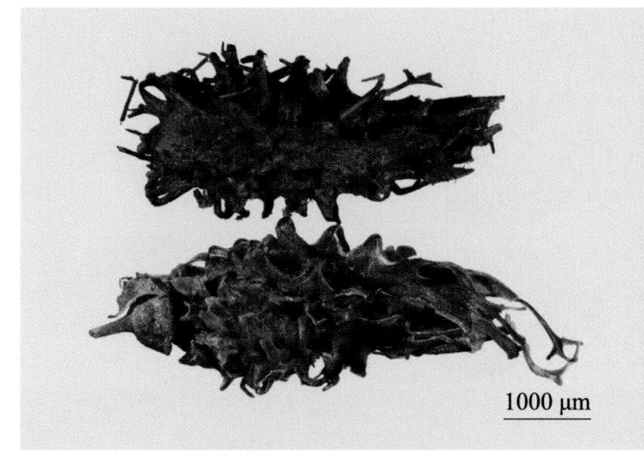

阿拉善沙拐枣双粒种子图片

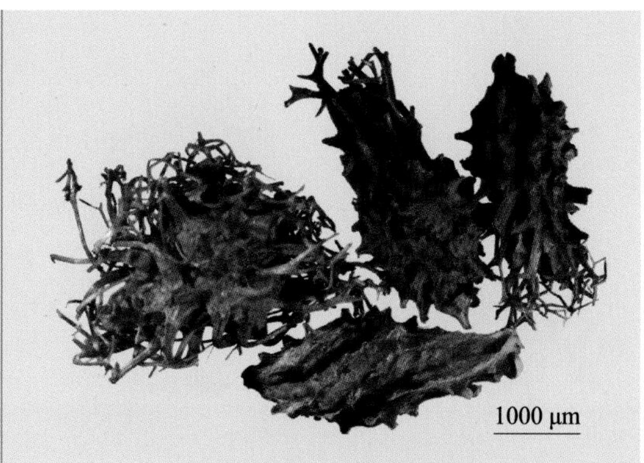

阿拉善沙拐枣多粒种子图片

32 大麻 *Cannabis sativa* L.

【别名】山丝苗、线麻、胡麻

【科】桑科

【属】大麻属

【生长特征】一年生草本。枝具纵沟槽，密生灰白色贴伏毛。叶掌状全裂，裂片披针形或线状披针形，中裂片最长，先端渐尖，基部狭楔形，表面深绿，微被糙毛，边缘具向内弯的粗锯齿，中脉及侧脉在表面微下陷，背面隆起；叶柄密被灰白色贴伏毛；托叶线形。

【地理分布】我国各地有栽培；原产于亚洲西部，现各国均有野生或栽培。

【种子形态】瘦果阔卵圆形，长约 4.4 mm，宽约 4.0 mm，稍扁，顶端钝尖，中央具极短小喙，两侧边缘具脊棱；果皮浅灰褐色，有时其中疏散着深褐色斑纹，并有不规则的白色细网纹，网眼细小；果实基部近圆形；果脐大，圆形，位于果实基端。种子与果实同形，种皮膜质，内无胚乳（或有极微量残存痕迹）。

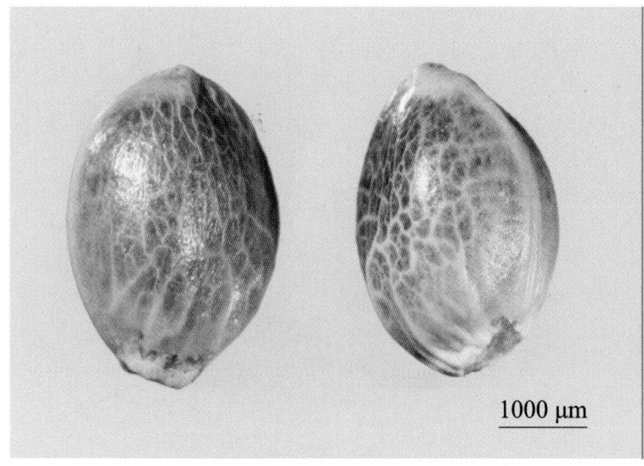

大麻双粒种子图片

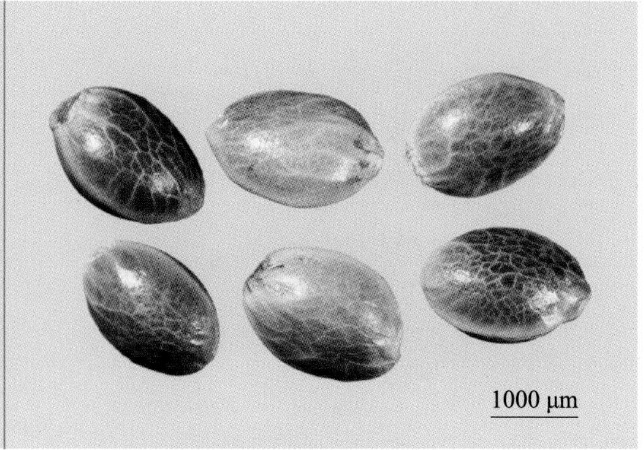

大麻多粒种子图片

33 中间锦鸡儿 *Caragana intermedia* Kuang et H.C.Fu

【别名】柠条、二连锦鸡儿、沙地锦鸡儿

【科】豆科

【属】锦鸡儿属

【生长特征】灌木。老枝黄灰色或灰绿色，幼枝被柔毛。羽状复叶，有 3 ～ 8 对小叶；托叶在长枝上者硬化针刺，宿存；叶轴密被白色长柔毛，脱落；小叶椭圆形或倒卵状椭圆形，先端圆或锐尖，稀截形，有短刺尖，基部宽楔形，两面密被长柔毛。

【地理分布】分布于我国内蒙古、陕西、宁夏和甘肃等地。生长于固定和半固定沙地及黄土丘陵地区等。

【种子形态】荚果披针形或长圆状披针形，扁，先端短渐尖。种子卵圆形或不规则形，稍扁；顶部、基部呈钝圆形；表面黄褐色至红褐色，凹陷，有光泽；种脐浅黄色或白色，近圆形，位于胚根一侧顶端，晕圈浅褐色；胚根顶端钝形或尖呈鼻状，稍突出，占子叶的 1/5 ～ 1/4。

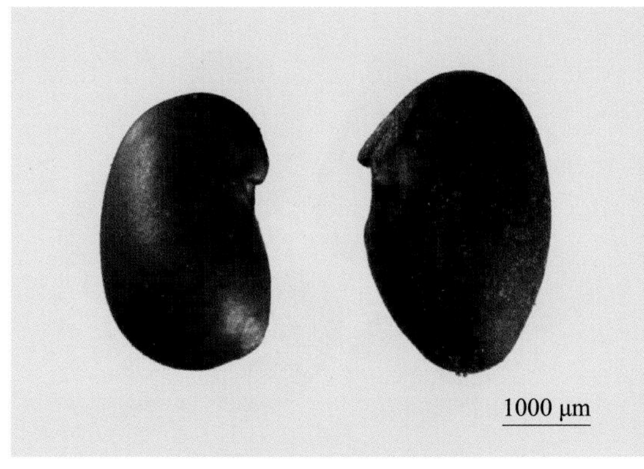

中间锦鸡儿双粒种子图片

中间锦鸡儿多粒种子图片

34 柠条锦鸡儿 *Caragana korshinskii* Kom.

【别名】柠条、毛条、大白柠条

【科】豆科

【属】锦鸡儿属

【生长特征】灌木，稀小乔木状。老枝金黄色，有光泽；幼枝被柔毛。羽状复叶，有6～8对小叶；托叶在长枝者硬化成针刺，宿存；小叶披针形或狭长圆形，先端锐尖或稍钝，有短刺尖，基部宽楔形，两面密被白色伏贴柔毛。

【地理分布】分布于我国内蒙古西部、陕西北部、宁夏、甘肃等地；蒙古国有分布。生长于半固定和固定沙地。

【种子形态】种子多为卵形或椭圆形，两侧稍扁，有在荚内相互挤压而变形的痕迹；顶部钩状，基部尖。长6.0～9.0 mm，宽3.8～5.0 mm，厚2.0～4.0 mm；胚根突出，胚根尖与子叶分开；表面黑褐色或红褐色，具微细颗粒，近光滑，无光泽；种脐圆形，白色，在侧棱边上，中部偏上，凹入，具脐沟；种瘤在基部，突出，距种脐4.0～7.0 mm；脐条隆起，无胚乳。

柠条锦鸡儿双粒种子图片　　柠条锦鸡儿多粒种子图片

35 小叶锦鸡儿 *Caragana microphylla* Lam.

【别名】柠条、连针、猴獠刺

【科】豆科

【属】锦鸡儿属

【生长特征】灌木。枝斜生，老枝深灰色或黑绿色，嫩枝被毛，直立或弯曲。偶数羽状复叶，有 5 ～ 10 对小叶；小叶倒卵形或倒卵状长圆形，先端圆或钝，很少凹入，具短刺尖，幼时被短柔毛。

【地理分布】分布于我国东北、华北及山东、陕西、甘肃等地；蒙古国、俄罗斯有分布。生长于沙地、沙丘及干燥山坡地等。

【种子形态】种子椭圆形或卵状椭圆形，长 3.5 ～ 6.0 mm，宽和厚 2.2 ～ 3.0 mm；胚根尖突出，与子叶分开；表面红褐色或黑褐色，有的具黑斑；具微细颗粒，近光滑，有光泽；种脐圆形，白色，位于中部偏上，凹入，直径约 0.4 mm，具脐沟。种瘤在种子基部，黑色，突出，距种脐 2.0 ～ 3.5 mm；无胚乳。

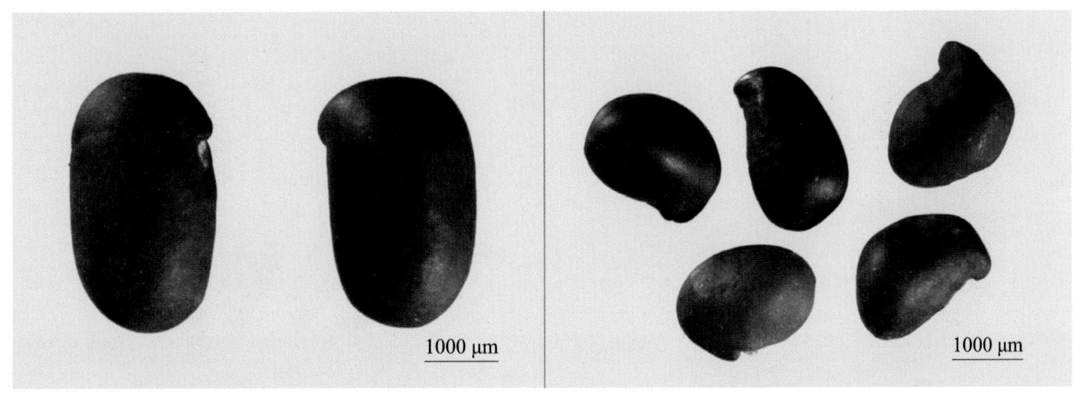

小叶锦鸡儿双粒种子图片　　小叶锦鸡儿多粒种子图片

非洲虎尾草 *Chloris gayana* Kunth

【别名】无芒虎尾草、盖氏虎尾草

【科】禾本科

【属】虎尾草属

【生长特征】多年生草本。具长匍匐枝。秆坚硬，稍压扁。叶鞘短于节间，无毛，鞘口具柔毛；叶舌具细纤毛；叶片两面均甚粗糙。

【地理分布】我国广西、海南等地引种栽培；原产于非洲，分布自塞内加尔起向东至苏丹，向南至南非。生长于草地等。

【种子形态】小穗灰绿色，长 4.0 ～ 4.5 mm；颖膜质，具 1 脉；第一颖长约 2.0 mm；第二颖长约 3.0 mm；第一外稃长 3.0 ～ 3.5 mm，基盘及边脉具柔毛，脊两侧具短毛，自近顶端以下伸出长约 4 mm 的芒，两侧有锯齿状附属物；内稃稍短于外稃，顶端微凹。带稃颖果纺锤形，草绿色或黄绿色；表面光滑，无光泽。

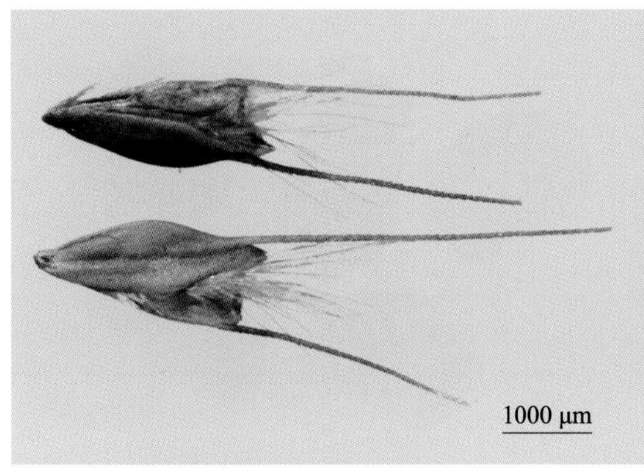

非洲虎尾草双粒种子图片

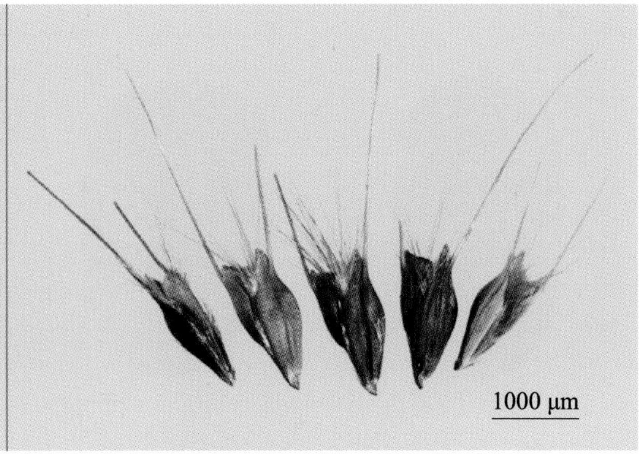

非洲虎尾草多粒种子图片

虎尾草 *Chloris virgata* Swartz

【别名】棒锤草、狗摇摇、刷帚头草

【科】禾本科

【属】虎尾草属

【生长特征】一年生草本。秆直立或基部膝曲，丛生，光滑无毛。叶鞘背部具脊，包卷松弛，无毛；叶舌无毛或具纤毛；叶片线形，扁平或折卷，两面无毛或边缘及上面粗糙。

【地理分布】分布于我国南北各地；全球温热带有分布。生长于路旁、田间、荒野及河岸沙地等。

【种子形态】小穗两侧扁，两颖不等长；颖膜质，披针形，具1脉；第一颖长约1.8 mm，第二颖等长或略短于小穗，主脉延伸成0.5 ～ 1.0 mm小尖头；第一外稃纸质，呈倒卵状披针形，具3脉，沿脉及边缘被疏柔毛或无毛，先端尖或2微裂，自顶端稍下方伸出长5.0 ～ 15.0 mm的芒，基盘被柔毛；内稃膜质，略短于外稃，脊被微毛；不孕外稃顶端截平，在背部顶端稍下方伸出一细芒，芒长4.0 ～ 8.0 mm。颖果纺锤形，淡黄褐色，具3棱，表面光滑，具光泽，透明。脐圆形，点状，位于果实基端；胚椭圆形，长占颖果的2/3 ～ 3/4。

虎尾草双粒种子图片

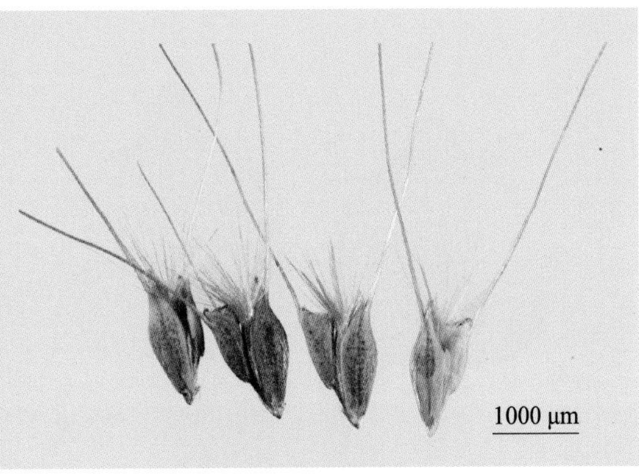

虎尾草多粒种子图片

38 鹰嘴豆 *Cicer arietinum* L.

【别名】鸡头豆、羊脑豆、回回豆

【科】豆科

【属】鹰嘴豆属

【生长特征】一年生草本。茎直立，多分枝，被白色腺毛。单数羽状复叶，具小叶 7 ～ 17 片；叶轴密生白色腺毛；托叶大，有锯齿；叶卵形、倒卵形或披针形，先端锐尖或钝圆，基部圆形或宽楔形，两侧边缘 2/3 以上有锯齿，两面均被腺毛。

【地理分布】分布于我国内蒙古、河北、山西、山东、陕西、甘肃等地；欧洲地中海、亚洲、非洲及美洲等地有分布。

【种子形态】种子褐色或棕褐色，三角形，外形似羊头，一端明显突出，呈微弯曲“喙”状，另一端宽平或中部凹陷；种皮淡黄色，表面粗糙崎岖不平，有弯曲的细脉纹；背面拱起，隆起的胚根如鹰嘴状下伸；腹面校平；种脐阔椭圆形，深凹陷，位于种子腹部基端；种脐与种瘤间有棱状脐条；种瘤黑褐色，近圆形，稍隆起，位于种子腹部的中央。

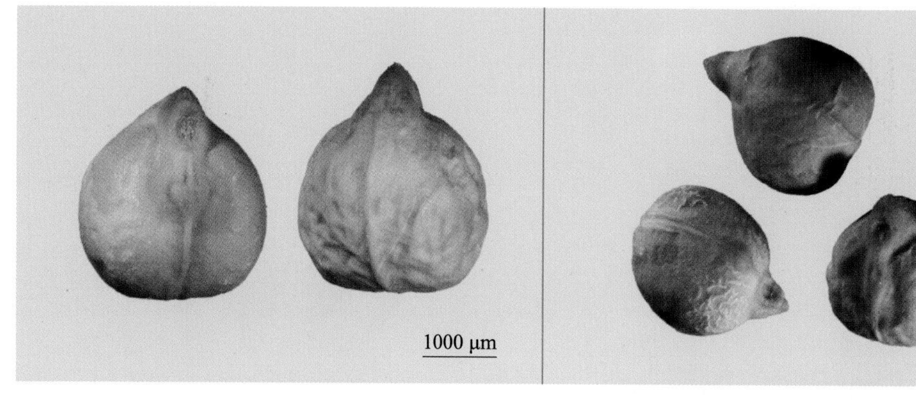

鹰嘴豆双粒种子图片　　鹰嘴豆多粒种子图片

39 菊苣 *Cichorium intybus* L.

【科】菊科

【属】菊苣属

【生长特征】多年生草本。茎直立，圆柱形，全部茎枝绿色，有条棱。基生叶莲座状，倒披针状长椭圆形，基部渐狭有翼柄；茎生叶卵状倒披针形或披针形，基部圆或戟形半抱茎，叶质薄，两面疏被长节毛，无柄。

【地理分布】分布于我国西北、东北、华北等地区；亚洲、非洲、美洲及大洋洲有分布。生长于荒地、路旁、田边和山坡等。

【种子形态】种子倒卵形、椭圆形或阔楔形，长 2.0 ～ 3.0 mm，宽 0.9 ～ 1.5 mm；顶端截平，稍弯曲，近顶端最宽，边缘有一圈白色的短小鳞片组成的冠毛，其中央具残存花柱，圆形，微小而突出；果皮淡黄褐色或棕褐色，有时在浅黄褐色中夹杂着黑褐色斑，表面有 4 ～ 5 条明显的纵棱，且密布微颗粒状小突起。果脐五角形，浅黄褐色，凸出，位于果实的基部。无胚乳，胚直生。

菊苣双粒种子图片

菊苣多粒种子图片

多变小冠花 *Coronilla varia* L.

【别名】绣球小冠花

【科】豆科

【属】小冠花属

【生长特征】多年生草本。茎直立或斜升，中空，具条棱。奇数羽状复叶，具小叶 9 ～ 25，互生；托叶膜质，披针形，无毛；小叶倒卵状长圆形或长圆形，先端圆形或微凹，基部楔形，全缘，光滑无毛。

【地理分布】分布于我国南北许多地区；原产于欧洲地中海地区，美国、加拿大、荷兰、瑞典等地引种栽培。生长于农田、路旁及荒地等。

【种子形态】种子圆柱形，稍扁，长 3.5 ～ 5.0 mm，宽和厚约相等，1.0 ～ 1.5 mm；胚根粗，紧贴于子叶上，胚根尖不与子叶分开，长为子叶长的 1/2；表面红紫色或深红紫色，稍粗糙，密布细颗粒，近光滑，无光泽，两侧面有隆起的中间线或不明显；种脐圆形，白色，位于中部，凹入，具脐沟，直径约 0.2 mm；种瘤在脐下，不明显，距种脐约 0.3 mm。脐条短。有胚乳。

多变小冠花双粒种子图片

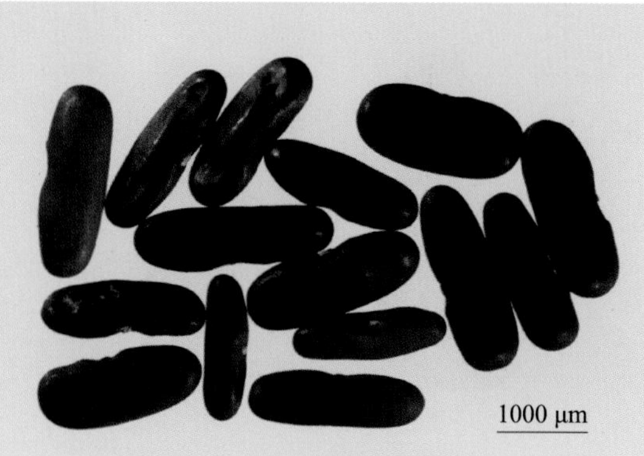

多变小冠花多粒种子图片

菽麻 *Crotalaria juncea* L.

【别名】太阳麻、印度麻、柽麻

【科】豆科

【属】猪屎豆属

【生长特征】一年生草本。茎直立，圆柱形，茎和枝均具浅小沟纹，密被丝光质短柔毛。托叶线形，细小，易脱落；单叶，叶片长圆状线形或线状披针形，两端渐尖，先端具短尖头，两面均被短柔毛，尤以叶下面毛密而长，具短柄；托叶狭披针形。

【地理分布】我国中南和华东地区，辽宁、河北、山西、陕西、新疆等地有引种；原产于印度和巴基斯坦。生长于荒地、路旁及山坡等地。

【种子形态】种子钩状肾形，两侧扁平，背部拱圆，腹部内凹，长约 6.0 mm，宽约 4.5 mm；胚根尖与子叶分开，长为子叶的 1/2 以上；种皮深橄榄绿色，掺杂褐色斑点；表面粗糙，具细微粒状小突起，暗淡或略有光泽，种子一端突出并向腹部弯曲，呈钩状；种脐椭圆形，位于弯曲的钩内；种瘤褐色，圆形，在脐的下边，距种脐 0.5 ～ 0.8 mm；胚乳极薄。

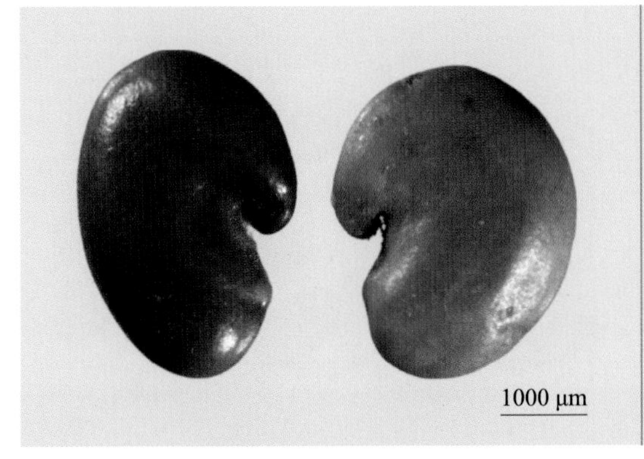

菽麻双粒种子图片

菽麻多粒种子图片

42 狗牙根 *Cynodon dactylon* (L.) Pers.

【别名】铁线草、爬地草、绊根草

【科】禾本科

【属】狗牙根属

【生长特征】多年生草本。具有根状茎和匍匐茎，节间长短不等。秆匍匐地面。叶鞘微具脊，无毛或有疏柔毛，鞘口常具柔毛；叶舌短，具小纤毛；叶片线形，通常两面无毛。

【地理分布】分布于我国黄河以南各地；热带、亚热带和温带沿海地区有分布。多生长于田间、草坪、草原和荒地。

【种子形态】小穗灰绿色或带紫色，长 2.0 ～ 2.5 mm，两侧扁，两颖近等长，具 1 脉，脉成脊；外稃草质，与小穗等长，具 3 脉，中脉隆起成脊，脊背拱起为两面体，侧面为半卵形，脊上具短毛；内稃与外稃近等长，具 2 脊，基部有一段细长的小穗轴。颖果矩圆形，长 0.9 ～ 1.1 mm，黄褐色或棕褐色；脐圆形，紫黑色，位于果实的基部；胚矩圆形，凸起，长占颖果的 1/3 ～ 1/2。

狗牙根双粒种子图片　　狗牙根多粒种子图片

43 鸭茅 *Dactylis glomerata* L.

【别名】果园草、鸡脚草

【科】禾本科

【属】鸭茅属

【生长特征】多年生草本。秆直立或基部膝曲，单生或少数丛生。叶鞘无毛，通常闭合达中部以上，上部具脊；叶舌薄膜质，顶端撕裂；叶片扁平，边缘或背部中脉均粗糙。

【地理分布】分布于我国西南、西北地区；原产于欧洲、北非和亚洲温带，引入全球温带地区。生长于山坡、草地和林下等。

【种子形态】小穗淡黄色或稍带紫色，两侧扁；穗轴节间圆柱形，顶端膨大，平截，微粗糙；颖片披针形，具 1 ～ 3 脉，先端渐尖，延伸成长约 1.0 mm 的芒，脊粗糙或具纤毛；外稃披针形，具 5 脉，脊粗糙或具短纤毛，顶端渐尖成为长约 1.0 mm 的芒；内稃较窄，舟形，等长或稍短于外稃，先端渐尖成芒状尖头，具 2 脊，脊上有纤毛。颖果长椭圆形，浅黄色或黄褐色，略具三棱，顶端尖；脐淡紫褐色，圆形；腹面凹陷；胚矩圆形，长占颖果的 1/4 ～ 1/3。

鸭茅双粒种子图片

鸭茅多粒种子图片

44 马蹄金 *Dichondra repens* J.R.Forst.& G. Forst.

【科】旋花科

【属】马蹄金属

【生长特征】多年生匍匐小草本。茎细长，被灰色短柔毛，节上生根。叶肾形至圆形，先端宽圆形或微缺，基部阔心形，叶面微被毛，背面被贴生短柔毛，全缘；具长的叶柄。

【地理分布】分布于我国长江以南各地；两半球热带、亚热带地区有分布。生长于田边、山坡、林地和沟边等。

【种子形态】种子阔椭圆形或近球形，褐色至黑色，两侧略扁，长约 1.7 mm，宽约 1.5 mm；表面具毛茸，后脱落，颗粒质粗糙；顶端圆钝，下部收缩，基端钝尖，腹侧凹进一缺口；种脐位于腹侧下部缺口处，方形，周边隆起，中部深黑色凹陷。

马蹄金双粒种子图片

马蹄金多粒种子图片

45 马唐 *Digitaria sanguinalis* (L.) Soop.

【科】禾本科

【属】马唐属

【生长特征】一年生草本。秆直立或下部倾斜，膝曲上升，无毛或节生柔毛。叶鞘短于节间，无毛或散生疣基柔毛；叶片线状披针形，基部圆形，边缘较厚，微粗糙，具柔毛或无毛。

【地理分布】分布于我国东北、华北、华中、华东、华南及西南；全球温热带地区有分布。生长于田间、草地及荒野路旁等。

【种子形态】小穗长椭圆形，褐色、紫褐色或草绿色，长 3.0 ～ 3.5 mm；第一颖小，钝三角形，膜质，长约 0.2 mm，无脉；第二颖披针形，具 3 脉，长为小穗的 1/2 左右，脉间及边缘大多具柔毛；第一外稃等长于小穗，具 5 ～ 7 脉，中脉平滑，脉间距离较宽而无毛，边脉上具小刺状粗糙，脉间及边缘生柔毛；孕花外稃与小穗等长，褐色或草绿色，具细纵条纹。颖果椭圆形，淡黄色；脐圆形；胚卵形，呈指纹状，长约为颖果的 1/3。

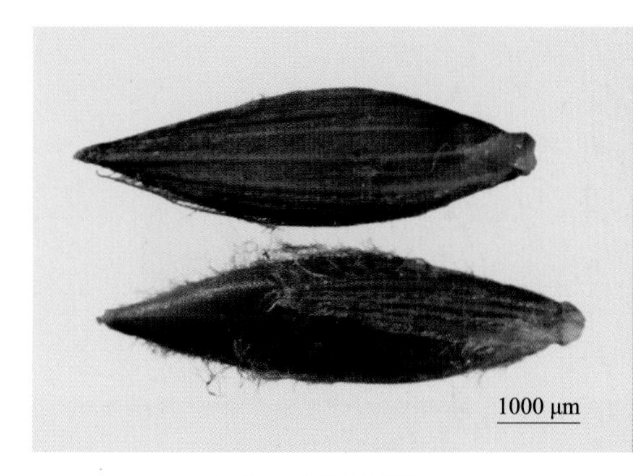

马唐双粒种子图片

马唐多粒种子图片

46 稗 *Echinochloa crusgalli* (L.) P. Beauv.

【别名】稗子、稗草、野稗

【科】禾本科

【属】稗属

【生长特征】一年生草本。秆丛生，扁平，光滑，基部斜升或膝曲，上部直立。叶鞘疏松裹秆，平滑无毛，下部者长于上部者而短于节间；叶片线形，主脉明显，扁平，无毛，边缘粗糙；叶舌缺如。

【地理分布】分布于我国南北各地；原产于欧洲和亚洲，全球热带与温带地区有分布。生长于沟边、沼泽地和水稻田中。

【种子形态】小穗卵圆形，深黄色或带紫色，一面扁平，另一面凸起，密集于穗轴的一侧，具芒；具两颖，颖片质薄，第一颖三角形，长为小穗的 1/3 ～ 1/2，基部包卷小穗，先端尖，具 5 脉；第二颖与小穗等长，先端渐尖或具小尖头，具 5 脉，脉上具刺状疣毛；第一外稃草质，上部具 7 脉，具硬刺疣毛，先端延伸成长为 5.0 ～ 30.0 mm 的粗壮芒；内稃薄膜质，等长于外稃，具 2 脊，脊上粗糙；第二外稃椭圆形，平滑光亮，先端尖，脉纹不明显；内稃具 2 脊，脊上光滑无毛。颖果卵形，米黄色，背部隆起，腹面扁平。脐褐色，圆形，位于果实腹面基部。胚卵形，长占颖果的 3/4 ～ 4/5。

稗双粒种子图片

稗多粒种子图片

湖南稷子 *Echinochloa frumentacea* (Roxb.) W. F. Wight

【别名】稷子、家稗

【科】禾本科

【属】稗属

【生长特征】一年生草本。秆直立或基部膝曲而略斜升，具 8 ~ 11 节。叶鞘疏松，光滑无毛，大都短于节间；叶舌叶耳缺；叶片宽条形，质较柔软，无毛，先端渐尖，边缘具细齿或微呈波状。

【地理分布】我国东北、华北、西北等地引种栽培，云南有野生种；原产于印度西北部，热带非洲、印度、东南亚、日本、朝鲜、澳大利亚和北美有栽培。

【种子形态】小穗卵状椭圆形或椭圆形，绿白色，长 3.0 ~ 5.0 mm，无疣基毛或疏被硬刺毛，无芒；第一颖短小，三角形，长为小穗的 1/3 ~ 2/5，具 5 脉，被较多的短硬毛；第二颖稍短于小穗，具 5 脉，脉上具刺状疣毛，脉间被短硬毛；第一外稃草质，具 5 脉或 7 脉，与小穗等长，先端无芒或具小尖头，内稃膜质，与外稃近等长，具 2 脊；第二外稃革质，平滑而光亮，成熟时露出颖外，顶端具小尖头，边缘内卷，包着同质的内稃。颖果椭圆形或宽卵形，平滑光亮，微露出第二颖外。

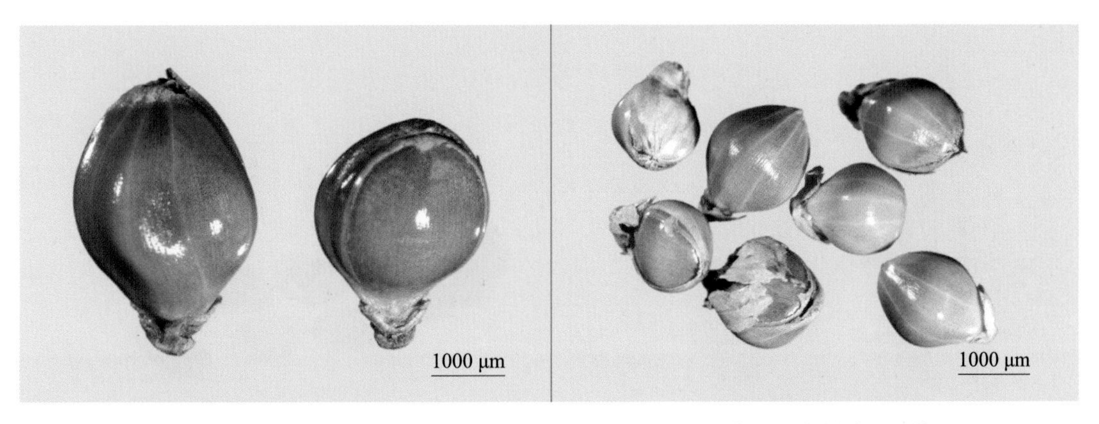

湖南稷子双粒种子图片　　湖南稷子多粒种子图片

牛筋草 *Eleusine indica* (L.) Gaertn.

【别名】蟋蟀草、官司草

【科】禾本科

【属】穇属

【生长特征】一年生草本。秆丛生，直立或基部膝曲。叶鞘两侧压扁而具脊，松弛，无毛或疏生疣毛；叶片扁平或卷折，线形，无毛或上面被柔毛。

【地理分布】分布于我国南北各地；全球温热带地区皆有分布。生长于路旁、田边和山野等。

【种子形态】小穗褐色或草绿色，两侧扁；两颖不等长，第一颖长 1.5 ～ 2.0 mm，具 1 脉；第二颖长 2.0 ～ 3.0 mm，具 5 脉；颖披针形，具脊，脊上粗糙；外稃卵形，膜质，具脊，脊上有狭翼；内稃短于外稃，具 2 脊，脊上有狭翼并有纤毛，背面有一段小穗轴。种子卵形，三面体状，长约 1.5 mm，宽约 1.2 mm ；种皮红褐色或黑褐色，表面具明显的波状皱纹，纹间有横纹，背部隆起成脊，腹部具浅纵沟；脐不明显；胚卵形，长约占种子的 1/3。

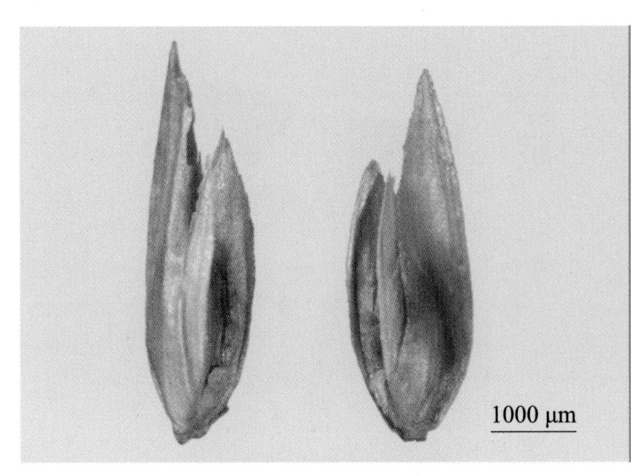

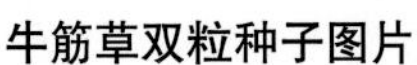
牛筋草双粒种子图片

牛筋草多粒种子图片

49 披碱草 *Elymus dahuricus* Turcz.

【科】禾本科

【属】披碱草属

【生长特征】多年生草本。疏丛型。秆直立，基部膝曲。叶鞘光滑无毛；叶片扁平，稀可内卷，上面粗糙，下面光滑，有时呈粉绿色；叶缘被疏纤毛。

【地理分布】分布于我国东北三省、内蒙古、河北、河南、山西、陕西、青海、四川、新疆、西藏等地。俄罗斯、朝鲜、日本、印度、土耳其等有分布。生长于山坡、草地和路边等。

【种子形态】小穗草黄色；穗轴楔形，贴内稃，具硬毛，顶斜截，基盘有鬃毛；颖披针形或线状披针形，先端具长达 5.0 mm 的短芒，有 3 ～ 5 条明显而粗糙的脉；外稃披针形，上部具 5 条明显的脉，全部密生短小糙毛，第一外稃长 9.0 mm，先端延伸成长 10.0 ～ 20.0 mm 的粗糙芒，成熟后向外展开；内稃与外稃等长，先端截平，脊上具纤毛，至基部渐不明显，脊间被稀少短毛。颖果长椭圆形，深褐色，背面微拱，腹部微凹，中部有一条褐色纵沟。脐褐色，圆形；胚椭圆形，褐色，突起，长为颖果的 1/4。

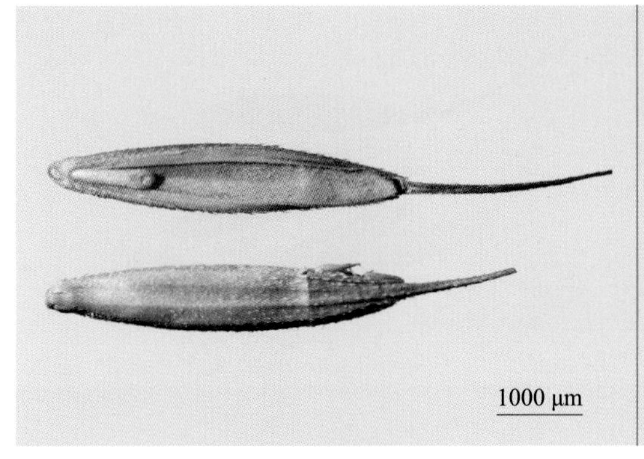

披碱草双粒种子图片

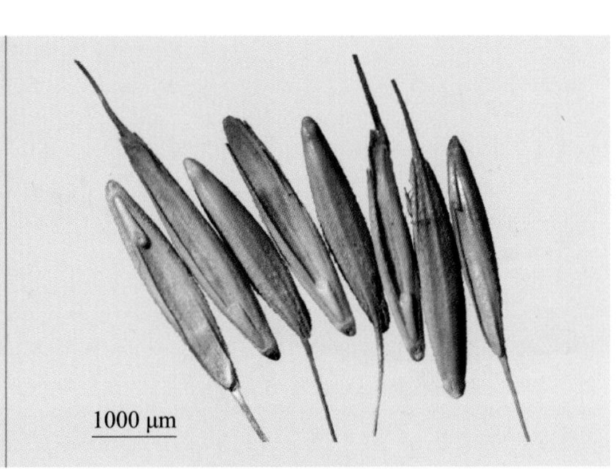

披碱草多粒种子图片

50 垂穗披碱草 *Elymus nutans* Griseb.

【别名】钩头草、弯穗草

【科】禾本科

【属】披碱草属

【生长特征】多年生草本。秆直立，基部节稍呈膝曲状。叶鞘除基部外均短于节间，具柔毛；叶片扁平，上面有时疏生柔毛，下面粗糙或平滑；叶舌极短。

【地理分布】分布于我国内蒙古、河北、陕西、甘肃、青海、四川、新疆、西藏等地；俄罗斯、土耳其、蒙古国和印度等有分布。生长于草原、山坡和路旁等。

【种子形态】小穗成熟后带有紫色；穗轴边缘粗糙或具小纤毛；颖长圆形，长 4.0 ～ 5.0 mm，两颖几乎相等，顶端渐尖或具长 1.0 ～ 4.0 mm 的短芒，具 3 ～ 4 脉，脉明显而粗糙；外稃长披针形，具 5 脉，脉在基部不明显，全部被微小短毛；第一外稃长约 10.0 mm，顶端延伸成芒，芒粗糙，向外反曲或稍展开；内稃等长于外稃，顶端钝圆或截平，脊上具纤毛，其毛向基部渐次不显，脊间被微小短毛。带稃颖果草黄色，长披针形；颖果倒卵状长圆形，褐色，背腹扁。胚椭圆形，长为颖果的 1/4。

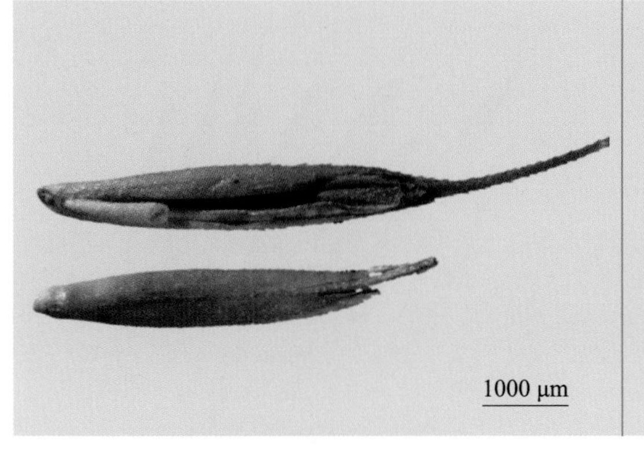

垂穗披碱草双粒种子图片

垂穗披碱草多粒种子图片

51 老芒麦 *Elymus sibiricus* L.

【别名】西伯利亚披碱草

【科】禾本科

【属】披碱草属

【生长特征】多年生草本。秆单生或成疏丛，直立或基部稍倾斜，粉绿色，具 3 ～ 4 节，下部的节稍呈膝曲状。叶鞘光滑无毛；叶片扁平，内卷，两面粗糙或下面平滑。

【地理分布】分布于我国东北、华北、西北和西南等地；俄罗斯、朝鲜、日本、北美地区有分布。生长于路旁、山坡和田边等。

【种子形态】小穗灰绿色或稍带紫色；穗轴边缘粗糙或具小纤毛；颖狭披针形，具 3 ～ 5 明显的脉，脉上粗糙，背部无毛，先端渐尖或具长达 4.0 mm 的短芒。外稃披针形，背部粗糙无毛或全部密生微毛，具 5 脉，脉在基部不明显；第一外稃长 8.0 ～ 11.0 mm，顶端具长 15.0 ～ 20.0 mm 的粗糙芒，稍展开或反曲；内稃与外稃几乎等长，先端二裂，脊上具短纤毛，脊间亦被稀少而微小的短毛。颖果长扁圆形，褐色至浅棕色，背腹扁，顶端有白毛茸，腹中部有棕黑色隆线。胚椭圆形，长为颖果的 1/6。

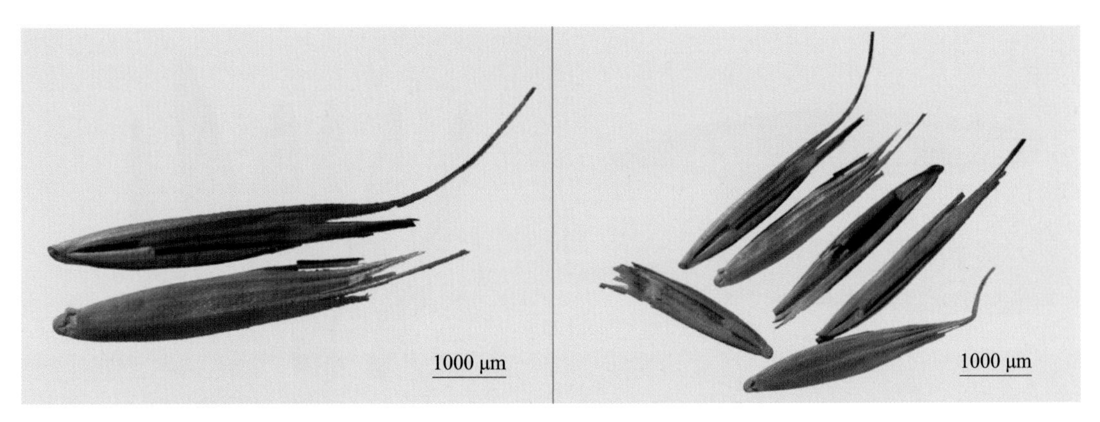

老芒麦双粒种子图片　　老芒麦多粒种子图片

52 长穗偃麦草 *Elytrigia elongata* (Host) Nevski

【别名】高冰草、长麦草、长穗冰草

【科】禾本科

【属】偃麦草属

【生长特征】多年生草本。秆直立，坚硬，具 3 ～ 4 节。叶鞘通常短于节间，边缘膜质，平滑；叶舌质硬，顶具细毛；叶耳膜质，褐色；叶片灰绿色，上面粗糙或被长柔毛、下面无毛。

【地理分布】我国北方及东部沿海盐碱土上种植；原产于欧洲南部和小亚细亚，北美洲西部温暖地带有种植。

【种子形态】小穗长 14.0 ～ 30.0 mm；小穗轴节间粗糙，长 1.0 ～ 1.5 mm；颖长圆形，顶端钝圆或稍平截，具 5 脉，粗糙，长 6.0 ～ 10.0 mm，宽约 3.0 mm，第一颖稍短于第二颖；外稃宽披针形，顶端钝或具短尖头，具 5 脉，粗糙，第一外稃长 10.0 ～ 12.0 mm；内稃稍短于外稃，顶端钝圆，脊上具细纤毛。颖果矩椭圆形，浅棕色，长约 5.0 mm，宽约 2.0 mm，顶端钝圆，具白色茸毛；背部拱圆，腹面凹陷，中间有隆起的线纹；胚椭圆形，长约占颖果的 1/4。

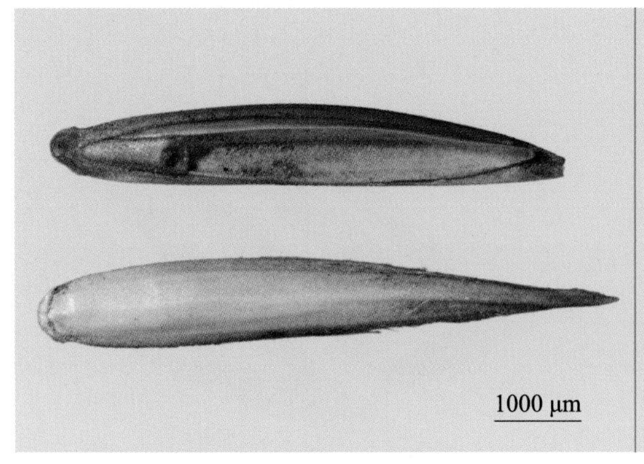

长穗偃麦草双粒种子图片

长穗偃麦草多粒种子图片

53 中间偃麦草 *Elytrigia intermedia* (Host) Nevski

【科】禾本科

【属】偃麦草属

【生长特征】多年生草本。秆直立，粗壮，平滑无毛，具 6 ～ 8 节。叶鞘无毛，外侧边缘具纤毛，或秆基部常生细毛；叶舌截平，干膜质；叶片质硬，上面粗糙或有时疏生微毛，下面较平滑。

【地理分布】我国东北三省、青海、内蒙古、北京等地引种；原产于东欧，高加索、中亚的东南部有分布。

【种子形态】小穗长 10.0 ～ 15.0 mm ；小穗轴节间喇叭筒形，顶端斜截；颖矩圆形，无毛，先端钝圆或平截，具明显的 5 ～ 7 脉，长 5.0 ～ 7.0 mm，宽 2.0 ～ 3.0 mm ；外稃淡黄褐色，宽披针形，平滑无毛，先端钝，有时微凹，具 5 ～ 7 脉；内稃边缘膜质，与外稃近等长，具 2 脊，脊上粗糙，脊的上部具微细纤毛。颖果矩圆形，浅棕色，无毛，顶端有白色或淡黄色的毛茸；脐不明显；腹面扁，具沟；胚椭圆形，呈指纹状，长占颖果的 1/5 ～ 1/4。

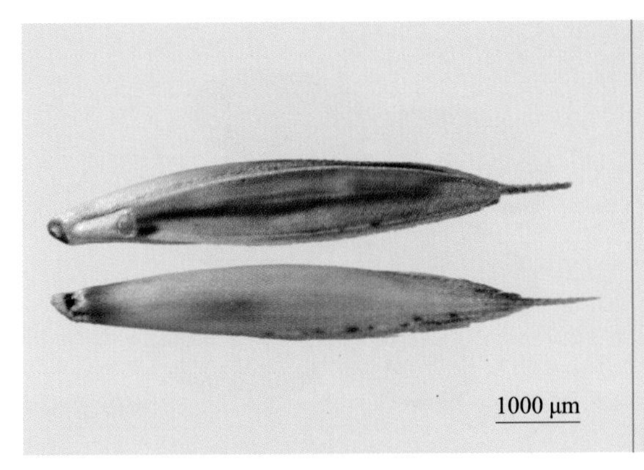

中间偃麦草双粒种子图片

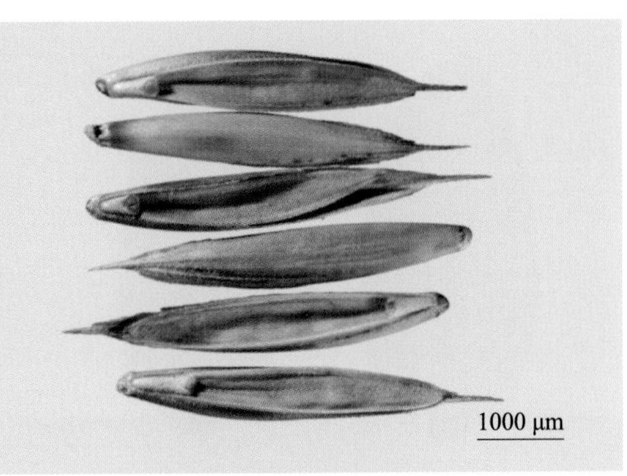

中间偃麦草多粒种子图片

54 弯叶画眉草 *Eragrostis curvula* (Schrad.) Nees

【科】禾本科

【属】画眉草属

【生长特征】多年生草本。秆密丛生，直立，基部稍压扁，一般具有 5 ～ 6 节。叶鞘基部相互跨覆，长于节间数倍，上部叶鞘比节间短，下部叶鞘粗糙并疏生刺毛，鞘口具长柔毛；叶片细长，两面均较粗糙，螺旋状着生，并内卷如丝状。

【地理分布】分布于我国华北、华南和西南各地；原产于非洲，全球温带地区均有分布。生长于坡地、林缘、农田边缘和公路坡面等。

【种子形态】小穗排列较疏松，铅绿色，长 6.0 ～ 11.0 mm，宽 1.5 ～ 2.0 mm；颖披针形，先端渐尖，均具 1 脉，第一颖长约 1.5 mm，第二颖长约 2.5 mm；第一外稃广长圆形，长约 2.5 mm，先端尖或钝，具 3 脉；内稃近等长于外稃，具 2 脊，无毛，先端圆钝。颖果椭圆形，暗黄色或白色半透明，背腹扁，平凸；表面有颗粒纵纹；背部隆起，腹面平，顶端钝圆；胚矩圆形，黑色，长为颖果的 1/2；胚根根尖伸出呈尖头状。

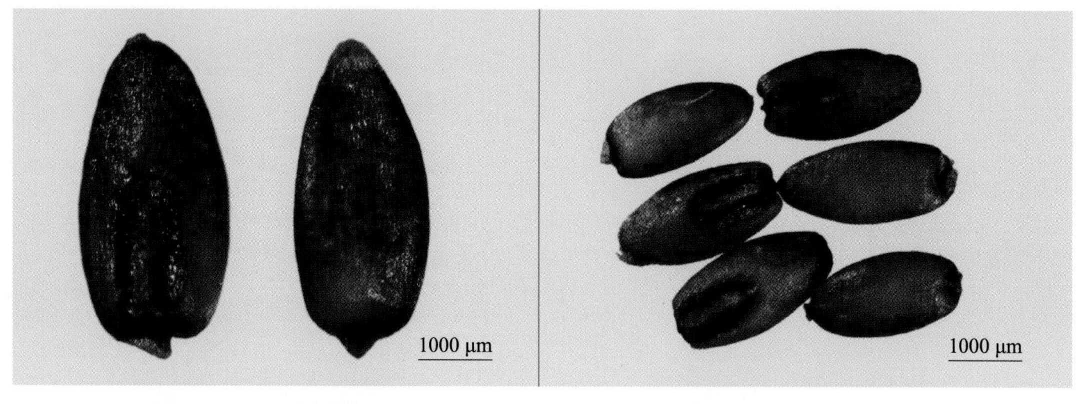

弯叶画眉草双粒种子图片　　弯叶画眉草多粒种子图片

55 假俭草 *Eremochloa ophiuroides* (Munro) Hack.

【科】禾本科

【属】蜈蚣草属

【生长特征】多年生草本。具强壮的匍匐茎。秆斜升。叶鞘压扁，多密集基部，鞘口常有短毛；叶舌短膜质，具纤毛，形成短脊；叶片条形，顶端钝，无毛，顶生叶片退化。

【地理分布】分布于我国江苏、江西、浙江、广东、广西、贵州等亚热带和沿海地区；中南半岛有分布。生长于草地、河岸和路旁等。

【种子形态】无柄小穗长圆形，长约 3.5 mm，宽约 1.5 mm，覆瓦状排列于总状花序轴一侧；第一颖硬纸质，无毛，5 ～ 7 脉，两侧下部有篦状短刺或几无刺，顶端具宽翅；第二颖厚膜质，舟形，3 脉；第一外稃膜质，长圆形，与颖近等长；内稃等长于外稃；第二外稃顶端钝；短于第一外稃，有较窄内稃。有柄小穗披针形，退化或仅存小穗柄。颖果黄褐色，椭圆形。

假俭草双粒种子图片

假俭草多粒种子图片

56 墨西哥玉米 *Euchlaena mexicana* Schrad.

【别名】墨西哥假蜀黍、假玉米

【科】禾本科

【属】类蜀黍属

【生长特征】一年生高大草本。秆粗壮，直立，丛生。叶舌截形，顶端不规则齿裂；叶片披针形，光滑无毛，叶色淡绿，叶脉明显；叶鞘紧包茎秆。

【地理分布】我国华北、长江以南均有种植；原产于墨西哥，现在全球范围内都有栽种。

【种子形态】雄小穗孪生长于延续的花序轴的一侧，长约 8.0 mm；颖草质，近等长；第一颖具 10 多条脉纹，顶端尖；第二颖有 5 脉，顶端截形有齿；外稃薄膜质。雌小穗单生长于花序轴各节，花序轴成熟后发育成坚硬、发亮的多面体状果壳，灰褐色至黑褐色，侧面呈圆三角形或不规则四边形。颖果长椭圆形，具大型胚。

墨西哥玉米双粒种子图片

墨西哥玉米多粒种子图片

57 荞麦 *Fagopyrum esculentum* Moench

【别名】甜荞

【科】蓼科

【属】荞麦属

【生长特征】一年生草本。茎直立，上部分枝，绿色或红色，具纵棱。叶三角形或卵状三角形，顶端渐尖，基部心形，两面沿叶脉具乳头状突起；下部叶具长叶柄，上部较小近无梗；托叶鞘膜质，短筒状，顶端偏斜，无缘毛，易破裂脱落。

【地理分布】我国各地有栽培；亚洲、欧洲有栽培。生长于荒地和路边等。

【种子形态】瘦果三棱状卵形，长 5.0 ～ 8.0 mm，宽 5.0 ～ 7.0 mm ；表面棕黄色或黑褐色，无光泽。种子卵状三棱形，长 4.5 ～ 7.5 mm，宽 4.5 ～ 6.5 mm，棕褐色；种皮薄膜状，具细密纹并略有光泽；顶端渐尖，基端平截，平端有红棕色圆形种脐；胚在胚乳中呈曲褶形；表面灰、褐两色交织，呈斑马状条纹。

荞麦双粒种子图片

荞麦多粒种子图片

58 苇状羊茅 *Festuca arundinacea* Schreb.

【别名】苇状狐茅、高羊茅

【科】禾本科

【属】羊茅属

【生长特征】多年生草本。秆成疏丛，直立，平滑无毛。叶鞘通常平滑无毛，长于节间或上部者短于节间；叶舌纸质，平截；叶片扁平，上面及边缘粗糙，下面平滑，边缘内卷。

【地理分布】分布于我国北方温暖的大部分地区及南方亚热带等地，新疆有野生；原产于西欧，欧洲、亚洲温暖地区有分布。生长于河谷、灌丛、林地等潮湿处。

【种子形态】小穗淡黄色至褐黄色或带紫色，两侧扁，具两颖；小穗轴节间圆柱形，先端膨大，平截或微凹，具短刺毛；颖披针形，边缘膜质，顶端尖或渐尖，第一颖具 1 脉，第二颖具 3 脉；外稃卵状披针形，顶部膜质，具 5 脉，脉上及脉的两边向基部均粗糙，先端渐尖，边缘膜质，无芒或具短尖，芒尖自稃体先端稍下方伸出，芒长 1.5 ～ 2.0 mm；内稃纸质，等长或稍短于外稃，具 2 脊，脊上粗糙，两脊具纤毛。颖果椭圆形，深灰色或棕褐色，先端平截或钝圆，具黄色茸毛，背面拱形，腹面凹陷，中间具细隆线；脐不明显；胚倒卵形，长约占颖果的 1/4。

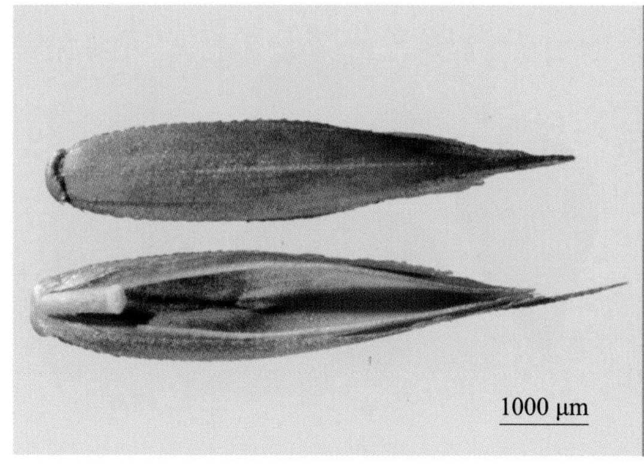

苇状羊茅双粒种子图片

苇状羊茅多粒种子图片

59 紫羊茅 *Festuca rubra* L.s.l.

【别名】红狐茅

【科】禾本科

【属】羊茅属

【生长特征】多年生草本。秆直立，疏丛或密丛生，平滑无毛，具2～3节。叶鞘粗糙，基部者长而上部者短于节间；分蘖叶的叶鞘闭合；叶舌平截，具纤毛；叶片对折或边缘内卷，稀扁平，两面平滑或上面被短毛。

【地理分布】分布于我国东北、华北、华中、西北和西南等地；北半球的温寒带地区、欧亚大陆有分布。生长于山坡、草地、河滩和路旁等。

【种子形态】小穗长7.0～10.0 mm；小穗轴节间圆柱形，顶端稍膨大，平截或微凹，稍具短柔毛。颖披针形，先端尖，第一颖具1脉，第二颖具3脉；外稃披针形，长4.5～5.5 mm，宽1.0～2.0 mm，淡黄色或先端带紫色，具不明显5脉，先端具细弱芒，边缘及上半部具微毛或短刺毛；内稃等长于外稃，背上部粗糙，脊间被微毛。颖果深棕色，矩圆形，顶部钝圆，具毛茸；脐不明显；腹面具宽沟。胚近圆形，长占颖果的1/6～1/5。

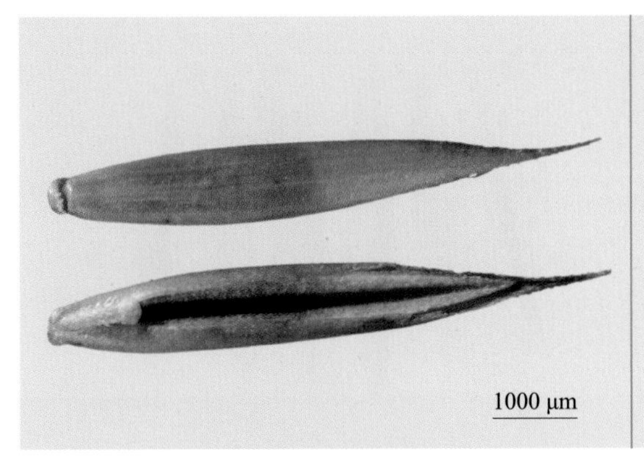

紫羊茅双粒种子图片

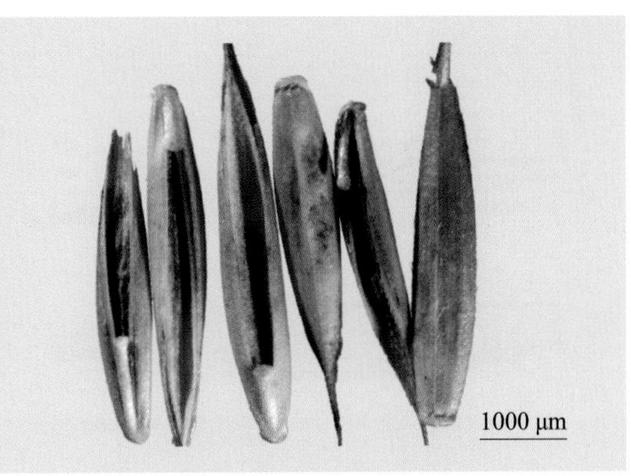

紫羊茅多粒种子图片

60 中华羊茅 *Festuca sinensis* Keng

【科】禾本科

【属】羊茅属

【生长特征】多年生草本。秆直立，基部倾斜，具 4 节。叶鞘松弛，具条纹，无毛，长或稍短于其节间；叶舌革质或膜质，具短纤毛；叶片条形，质地稍硬，直立，干时卷折，无毛或上面被微毛。

【地理分布】分布于我国甘肃、青海、四川、西藏等地。生长于山坡、草地、灌丛和林下等。

【种子形态】小穗淡绿色或稍带紫色，长 8.0 ～ 9.0 mm ；小穗轴节间圆柱状，具微刺毛，先端膨大，微凹；颖片顶端渐尖，第一颖长 5.0 ～ 6.0 mm，第二颖长 7.0 ～ 8.0 mm ；外稃长圆状披针形，上部具微毛，具 5 脉，顶端具长 0.8 ～ 2.0 mm 的短芒；内稃狭长圆形，先端具 2 微齿，脊具小纤毛。颖果紫褐色，长椭圆形，顶端具毛；背腹扁，腹面具宽沟槽；胚椭圆形，长占颖果的 1/4。

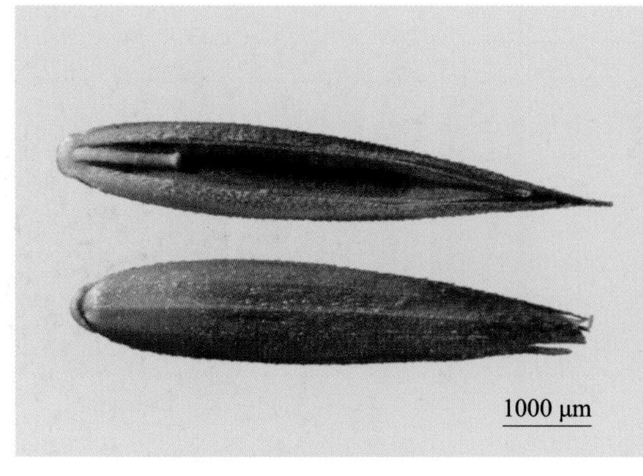

中华羊茅双粒种子图片

中华羊茅多粒种子图片

61 秣食豆 *Glycine max* L.

【别名】饲用大豆、料豆

【科】豆科

【属】大豆属

【生长特征】一年生草本。茎粗壮，初直立，后上部蔓生，密被褐色长硬毛。羽状三出复叶，小叶 3；顶生小叶卵形或椭圆形；侧生小叶卵圆形；叶柄长；托叶披针形。

【地理分布】分布于我国东北、华北和西北等地，以东北地区最著名；原产于热带及温带稍暖地区。

【种子形态】荚果肥大，长圆形，稍弯，下垂，黄绿色，长 4.0 ～ 7.5 cm，宽 8.0 ～ 15.0 mm，密被褐黄色长毛；种子椭圆形或近球形，长约 10.0 mm，宽 5.0 ～ 8.0 mm，略扁；种皮光滑，淡绿、黄、褐和黑色等多样，因品种而异；表面平滑，常被一层黄白色覆盖物；种脐长矩圆形，黄褐色，位于腹部中央；脐中央具明显脐沟，周围具稍隆起的黑色晕环；无胚乳。

秣食豆双粒种子图片　　秣食豆多粒种子图片

62 梭梭 *Haloxylon ammodendron* (Mey.) Bunge

【别名】梭梭柴、琐琐

【科】藜科

【属】梭梭属

【生长特征】灌木或小乔木。树皮灰白色，木材坚而脆；老枝灰褐色或淡黄褐色，通常具环状裂隙；当年枝细长，斜升或弯垂。叶对生，退化成小鳞片状宽三角形，稍开展，顶端钝，无芒尖，腋间具棉毛。

【地理分布】分布于我国宁夏、甘肃、青海、新疆、内蒙古等地；蒙古国和俄罗斯有分布。生长于沙丘上、荒漠及河边沙地等地。

【种子形态】种子扁圆形，直径约 2.5 mm ；种皮膜质，黑色；胚盘旋成上面平下面凸的陀螺状，暗绿色。胞果扁球形，黄褐色，顶面微凹；果皮不与种子贴伏；果翅半圆形，基部心形。

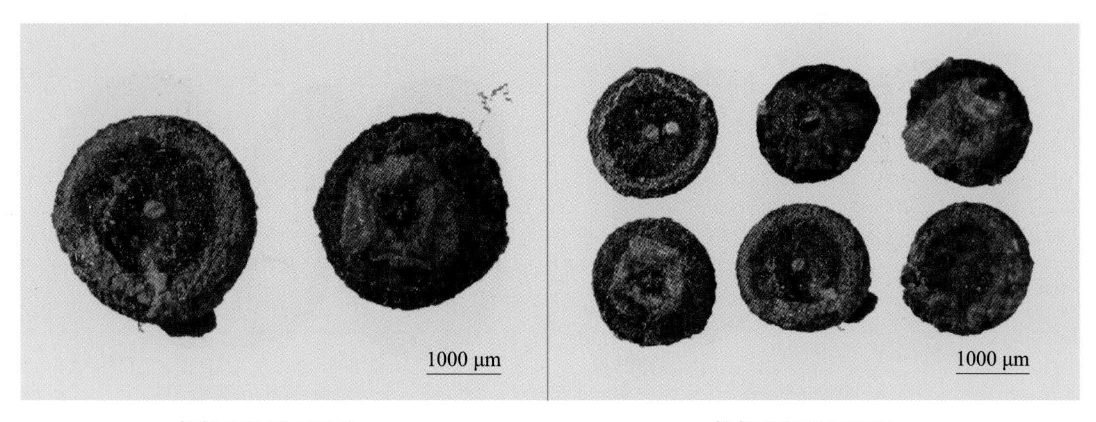

梭梭双粒种子图片　　　梭梭多粒种子图片

塔落岩黄芪 *Hedysarum laeve* Maxim.

【别名】羊柴、杨柴

【科】豆科

【属】岩黄芪属

【生长特征】灌木。枝条呈绿色。单数羽状复叶，小叶 9 ～ 17，条形或条状长圆形；叶、叶柄和枝条皆覆有厚密的短绒毛。

【地理分布】分布于我国黄河中游的宁夏东部、陕西北部、内蒙古南部和山西最北部的草原地区，库布齐沙漠东部、乌兰布和沙漠以及浑善达克沙地西部。生长于流沙地、半固定沙丘、沙地。

【种子形态】荚果具 2 ～ 3 荚节；荚节椭圆形，长约 6.0 mm，宽约 4.0 mm，扁；表面淡黄色，具褶皱，边缘较厚，无毛。种子卵形，褐色，两面凸透镜状；种脐在种子中部以上；脐沟黄白色；胚乳薄。

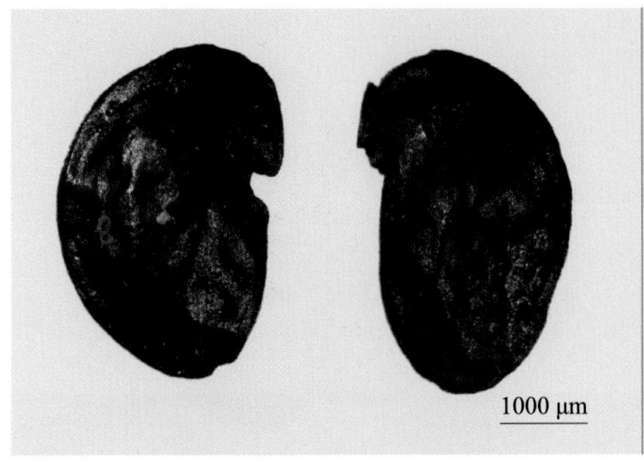

塔落岩黄芪双粒种子图片

塔落岩黄芪多粒种子图片

蒙古岩黄芪 *Hedysarum mongolicum* Turcz.

【别名】山竹子、修尔乌布斯（蒙古族名）

【科】豆科

【属】岩黄芪属

【生长特征】半灌木或小半灌木。茎直立；枝丛生，多分枝。托叶卵状披针形，棕褐色干膜质，基部合生，外面被贴伏短柔毛；小叶 11 ～ 19，椭圆形或长圆形，先端钝圆或急尖，基部楔形；叶轴、小叶被短柔毛。

【地理分布】分布于我国内蒙古中北部的草原化荒漠地带；俄罗斯达乌里和蒙古国北部有分布。生长于草原、湖沙地和沙丘等。

【种子形态】荚果 2 ～ 3 节；节荚椭圆形，长 5.0 ～ 7.0 mm，宽 3.0 ～ 4.0 mm，两侧膨胀，具细网纹；成熟荚果无刺。种子肾形，稍扁；表面黄褐色或棕色，具不规则分布黑色斑点，一侧微凹，一侧呈浅盘状凹陷，光滑有光泽；种脐圆形，黄色，位于种子中部以上。胚根粗，呈鼻状突出，胚根尖与子叶分开，长约为子叶的 1/2。

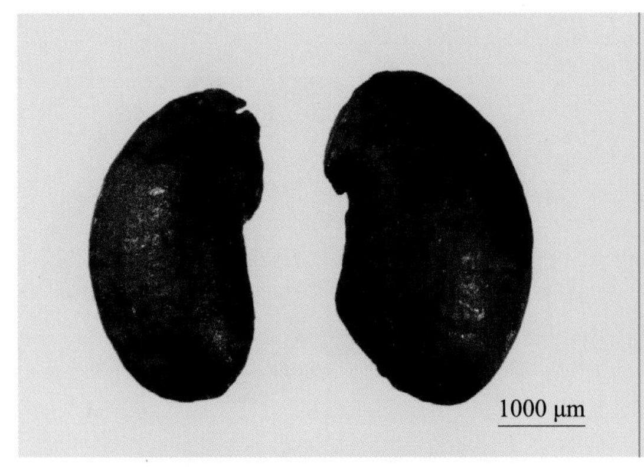

蒙古岩黄芪双粒种子图片

蒙古岩黄芪多粒种子图片

细枝岩黄芪 *Hedysarum scoparium* Fisch.et May.

【别名】花棒、花帽、花柴

【科】豆科

【属】岩黄芪属

【生长特征】灌木。茎直立，多分枝，被疏长柔毛。单数羽状复叶，茎下部叶具小叶 7 ～ 11，上部的叶通常具小叶 3 ～ 5；小叶披针形、条状披针形、稀条状长圆形，灰绿色，先端锐尖，具短尖头，基部楔形，表面被短柔毛或无毛，背面被较密的长柔毛。

【地理分布】分布于我国新疆、青海、甘肃、内蒙古和宁夏等地；俄罗斯和蒙古国有分布。生长于沙丘和沙地等。

【种子形态】荚果 2 ～ 4 节；节荚宽卵形，长 5.0 ～ 6.0 mm，宽 3.0 ～ 4.0 mm，两侧膨大，具明显细网纹，被白色密毡毛。种子圆肾形，长 2.0 ～ 3.0 mm，淡棕黄色，表面光滑；种脐圆形，位于种子中部以上；脐沟黄白色；胚乳薄，几乎看不到。

细枝岩黄芪双粒种子图片　　细枝岩黄芪多粒种子图片

沙棘 *Hippophae rhamnoides* L.

【科】胡颓子科

【属】沙棘属

【生长特征】落叶灌木或乔木。棘刺较多，粗壮，侧生或顶生。嫩枝褐绿色；老枝灰黑色，粗糙。单叶纸质，狭披针形或矩圆状披针形，通常近对生，两端钝形或基部近圆形，基部最宽，上面绿色，下面银白色或淡白色。

【地理分布】分布于我国河北、内蒙古、山西、陕西、甘肃、青海和四川等地。生长于向阳的山嵴、谷地、干涸河床地和山坡等。

【种子形态】果实卵圆形或球形，直径 4.0 ～ 6.0 mm，橙黄色或橘红色。种子阔椭圆形至卵形，长3.0～4.2 mm，稍扁；表面深褐色或紫黑色，有光泽；胚根浅黄色；有胚乳。

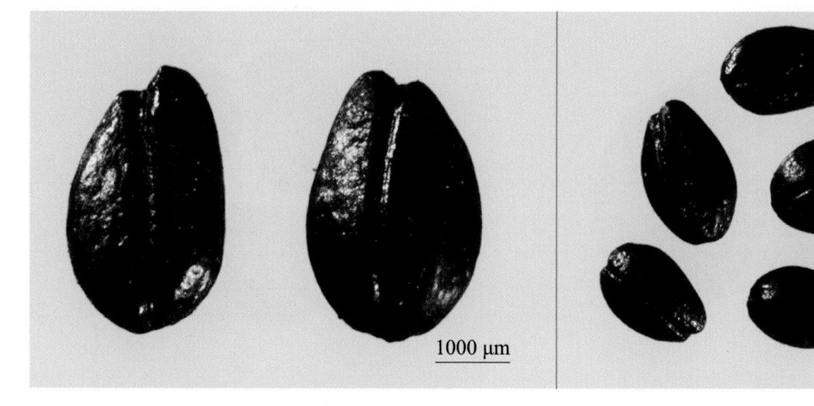

沙棘双粒种子图片　　沙棘多粒种子图片

67 布顿大麦 *Hordeum bogdanii* Wilensky

【科】禾本科

【属】大麦属

【生长特征】多年生草本。秆直立，丛生，基部膝曲，具 5 ～ 7 节，基节略突起，节密被灰白色绒毛。叶条形，灰绿色，扁平，稍粗糙；叶鞘短于节间，顶生；叶舌薄膜质。

【地理分布】分布于我国甘肃、青海和新疆等地；俄罗斯、蒙古国有分布。生长于滩地、河谷和草地等。

【种子形态】穗轴扁平，节间长约 1.0 mm，易断落；三联小穗两侧生者具长约 1.5 mm 的柄，两侧小穗短小，中间小穗无柄；颖针状，长 7.0 ～ 8.0 mm ；外稃长约 7.0 mm，黄褐色或暗黄色，舟状披针形，先端具长约 7.0 mm 的芒，背部贴生细毛；内稃短于外稃，长约 6.5 mm，具短纤毛。颖果灰褐色，长 5.0 ～ 7.0 mm。

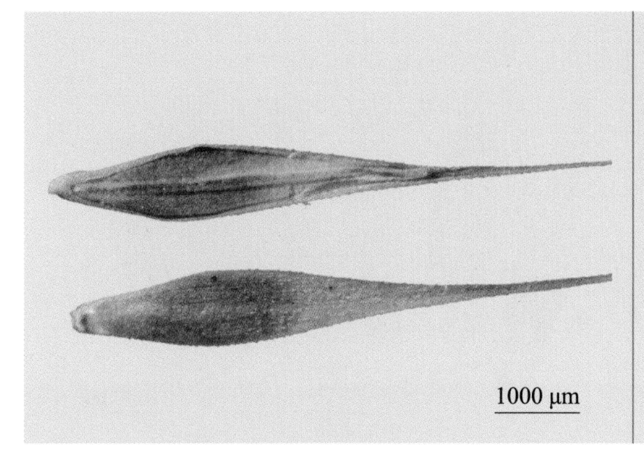

布顿大麦双粒种子图片

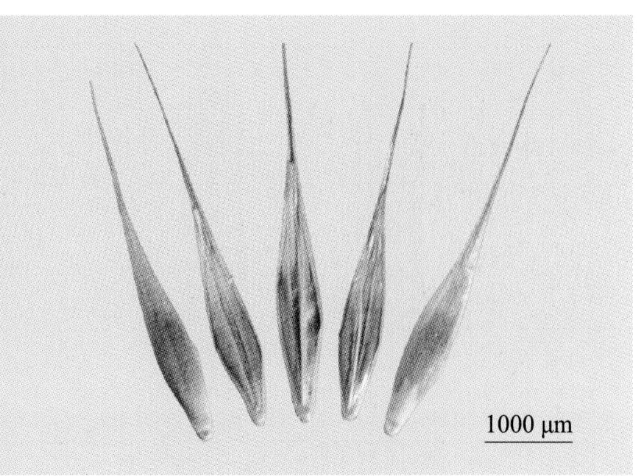

布顿大麦多粒种子图片

68 野大麦 *Hordeum brevisubulatum* (Trin.) Link

【别名】大麦草、野黑麦、莱麦草

【科】禾本科

【属】大麦属

【生长特征】多年生草本。秆直立，基部节常弯曲，光滑，具 3 ～ 4 节。叶鞘无毛，通常短于节间，常具淡黄色尖形的叶耳；叶舌膜质，截平；叶片上面粗糙，下面较平滑。

【地理分布】分布于我国东北、华北、内蒙古、新疆和西藏等地；中亚、西伯利亚、伊朗、巴基斯坦有分布。生长于河边、草地较湿润的土壤上。

【种子形态】穗轴节间长约 2.0 mm，边缘具纤毛；颖呈针状，长 4.0 ～ 5.0 mm ；其外稃顶端无芒，长约 5.0 mm ；中间小穗具两颖，颖片针状，长 4.0 ～ 6.0 mm ；外稃较平滑或贴生微毛，顶端渐尖成芒，芒长 1.0 ～ 2.0 mm ；内稃与外稃等长，具 2 脊，脊上无毛或于上部具极细微的纤毛。颖果长椭圆形，长 2.5 ～ 3.5 mm，宽 1.0 mm，先端钝圆，并密生茸毛，背部拱圆，腹面有纵沟，中间有条棕色细隆线，基部急尖，果皮淡棕色；胚椭圆形，约占果体的 1/4。

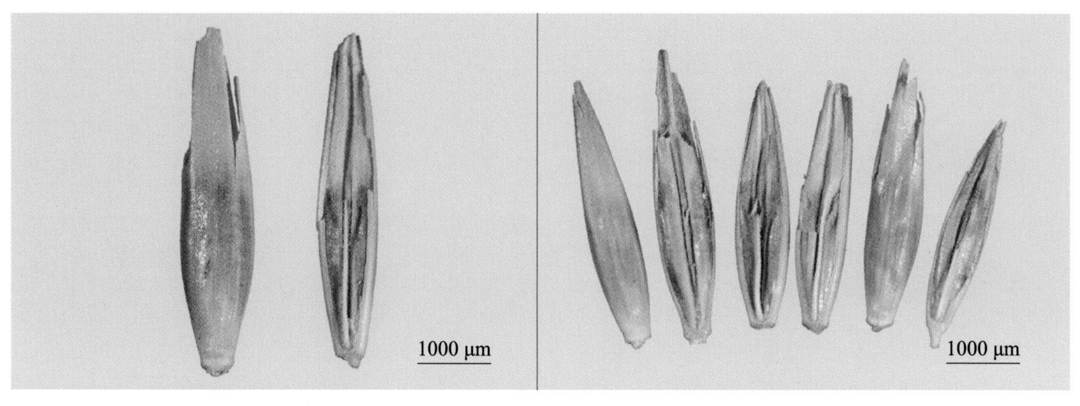

野大麦双粒种子图片　　野大麦多粒种子图片

69 大麦 *Hordeum vulgare* L.

【别名】牟麦、饭麦、赤膊麦

【科】禾本科

【属】大麦属

【生长特征】一年生或二年生草本。秆直立，粗壮，光滑无毛。叶鞘松弛抱茎，多无毛或基部具柔毛；两侧有两披针形叶耳；叶舌膜质，叶片扁平。

【地理分布】分布于我国南北各地；美国、加拿大、阿根廷、法国、土耳其、英国、意大利、丹麦和俄罗斯有分布。

【种子形态】小穗稠密，每节着生 3 枚发育的小穗；小穗均无柄；颖线状披针形，外被短柔毛，先端延伸为 8.0 ～ 14.0 mm 的芒；外稃具 5 脉，先端延伸成长 8.0 ～ 15.0 mm 的芒，边棱具细刺；内稃几乎等长于外稃。颖果熟时粘着于稃内，不脱出。

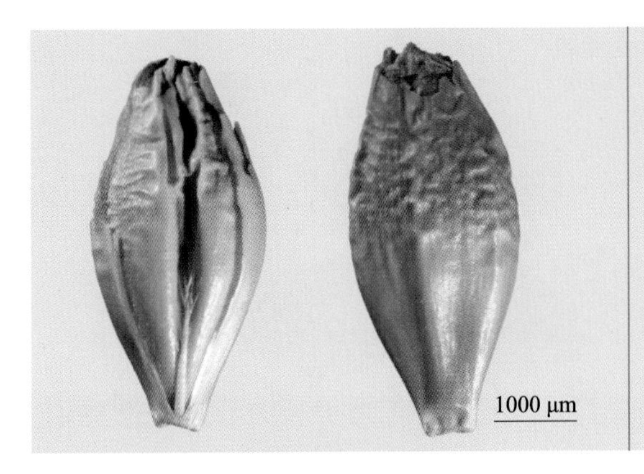

大麦双粒种子图片

大麦多粒种子图片

70 角蒿 *Incarvillea sinensis* Lam.

【科】紫葳科

【属】角蒿属

【生长特征】一年生至多年生草本。具分枝的茎。叶互生，不聚生长于茎的基部，2～3回羽状细裂，形态多变异，小叶不规则细裂，末回裂片线状披针形，具细齿或全缘。

【地理分布】分布于我国东北、华北、西北及河南、山东、四川等地。生长于山坡、废地和路边等地。

【种子形态】种子倒卵形，扁平，带种翅的长 4.0～5.0 mm，宽 3.0～4.0 mm；脱掉种翅的种子长 3.0～3.5 mm，宽 2.0～2.5 mm；表面浅黄褐色，粗糙，具柔毛；具很亮的光泽；腹面常凹陷，自种脐通过种子中心有一条褐色线，背面拱凸；种翅很薄，绢纸质，透明，呈放射状纹，微黄白色，边缘呈波浪状缺刻，种脐处的种翅具深的缺刻。

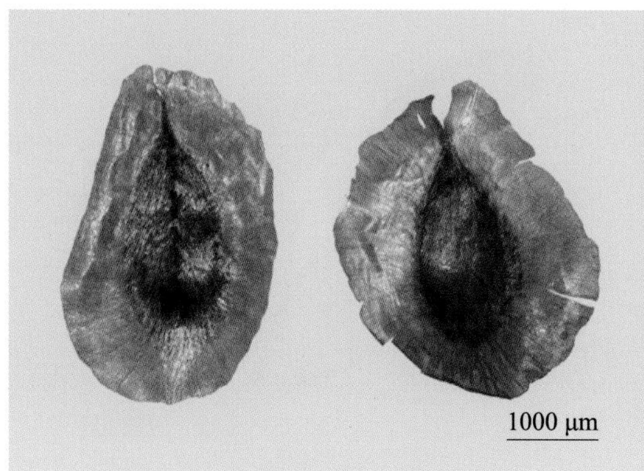

角蒿双粒种子图片

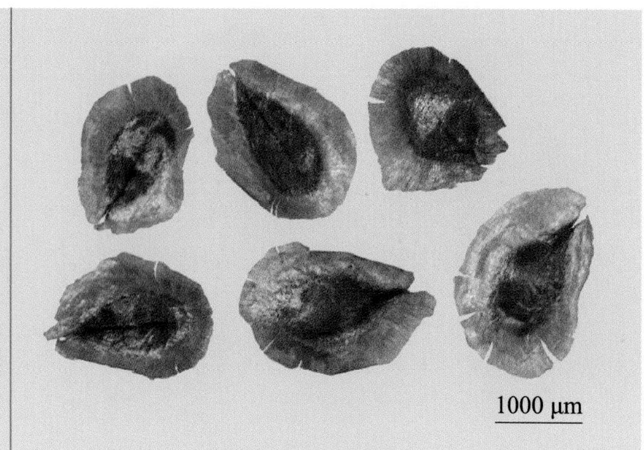

角蒿多粒种子图片

71 蕹菜 *Ipomoea aquatica* Forsk.

【别名】空心菜、藤藤菜、竹叶菜

【科】旋花科

【属】甘薯属

【生长特征】一年生草本。茎圆柱形，有节，节间中空，节上生根，无毛。叶互生，椭圆状卵形或长三角形，顶端锐尖或钝；基部心形或戟形，边缘全缘或波状；具长叶柄；有的品种叶呈长披针形或披针形。

【地理分布】分布于我国沿长江各地，南至广东，都有栽培；亚洲、非洲、大洋洲热带地区有分布。生长于气候温暖湿润且土壤肥沃的地区。

【种子形态】种子椭圆形，淡棕褐色，长 5.0 ～ 5.5 mm，宽 4.0 ～ 4.5 mm ；表面被灰褐色短柔毛所覆盖；背面较宽，中凸成拱形；腹面窄，中央有一条纵脊，把腹面分成两个斜面，斜面中央稍凹陷；横切面扇形；种脐椭圆形，银白色，着生腹面纵脊下方，中央凹陷；种脐边缘围一密被锈色短茸毛的环状棱，并在与纵脊交接处有一瘤状突起。

蕹菜双粒种子图片　　蕹菜多粒种子图片

马蔺 *Iris lactea chinensis* (Fisch.) Koidz.

【别名】马莲

【科】鸢尾科

【属】鸢尾属

【生长特征】多年生草本。根状茎短粗，须根棕褐色，植株基部具红褐色而裂成纤维状的枯叶鞘残留物。叶基生，坚韧，灰绿色，条形，顶端渐尖，基部鞘状，无明显的中脉。

【地理分布】分布于我国东北、华北、华东及内蒙古、山西、陕西、宁夏、甘肃、西藏等地；朝鲜、俄罗斯有分布。生长于荒地、路旁、林缘和草地等。

【种子形态】蒴果长椭圆状柱形，长 4.0 ～ 6.0 cm，直径 1.0 ～ 1.4 cm，有 6 条明显的肋，顶端有短喙。种子为不规则的多面体，红棕色至紫褐色；表面略粗糙，具小皱，略有光泽；种脐黄褐色或褐色，位置和形状随种子形状变化，或为条形，或为矩圆形，或为圆形，颜色比种皮浅。

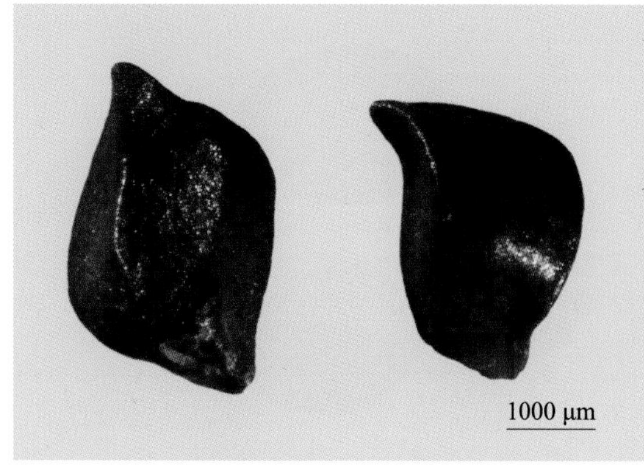

马蔺双粒种子图片

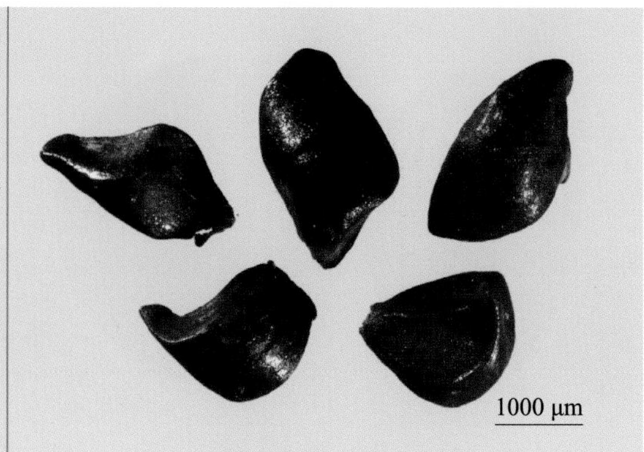

马蔺多粒种子图片

73 山莴苣 *Lactuca indica* L.

【别名】翅果菊、苦荬菜、苦麻菜

【科】菊科

【属】翅果菊属

【生长特征】一年生或二年生草本。茎粗壮，无毛，上部多分枝。叶形多变化，下部叶花期枯萎；中部叶和上部叶条形、披针形或长椭圆形，不分裂或齿裂以至羽状或倒向羽状深裂或全裂，无柄，基部抱茎，两面带白粉，无毛或有毛。

【地理分布】分布于我国北京、吉林、河北、陕西、山东、江苏、安徽、浙江、江西、湖北、湖南、广东、海南、四川、贵州及云南等地；俄罗斯、日本、朝鲜和印度有分布。生长于山谷、山坡林缘及林下、灌丛中或水沟边、山坡草地或田间等。

【种子形态】瘦果斜倒阔卵形，扁平，长 3.0 ～ 5.0 mm，宽 1.5 ～ 2.0 mm ；顶端收缩呈短喙，先端膨大，成圆盘，白色，衣领状环不明显，具白色冠毛；果皮棕黑色，两面中间各有一条隆起的脊棱；边棱具窄薄翅，翼上有横皱纹，脊棱与边缘中间有不明显的波状皱纹及 1 ～ 2 条细棱，表面粗糙，无光泽；果脐小，凹陷，位于果实基端。种子与果实同形；胚直生；无胚乳。

山莴苣双粒种子图片

山莴苣多粒种子图片

74 山黧豆 *Lathyrus sativus* L.

【别名】马牙豆、扁平山黧豆

【科】豆科

【属】山黧豆属

【生长特征】一年生草本。茎直立或斜升，多分枝，有翅。偶数羽状复叶，具 1 对小叶；托叶半箭形；叶轴具翅，末端具卷须，小叶披针形或线形，先端长渐尖，基部渐狭，下面叶脉凸起，近平行。

【地理分布】分布于我国西北地区，特别是甘肃中部干旱地区和陕北等地区；原产于北半球温带地区。

【种子形态】种子斧头形，斧背长 4.0 ～ 8.0 mm，宽 4.0 ～ 5.0 mm，斧身高约 8.0 mm；表面黄色、黄白色或褐色，深色者常带灰黑色花斑，具小颗粒，近光滑，无光泽；种脐椭圆形，多在斧背上，中部偏下，凹入，但脐沟唇与晕轮平，长 1.5 ～ 2.0 mm，脐沟黄白色，晕轮隆起；种瘤距种脐 1.5 ～ 1.8 mm，脐条明显；无胚乳。

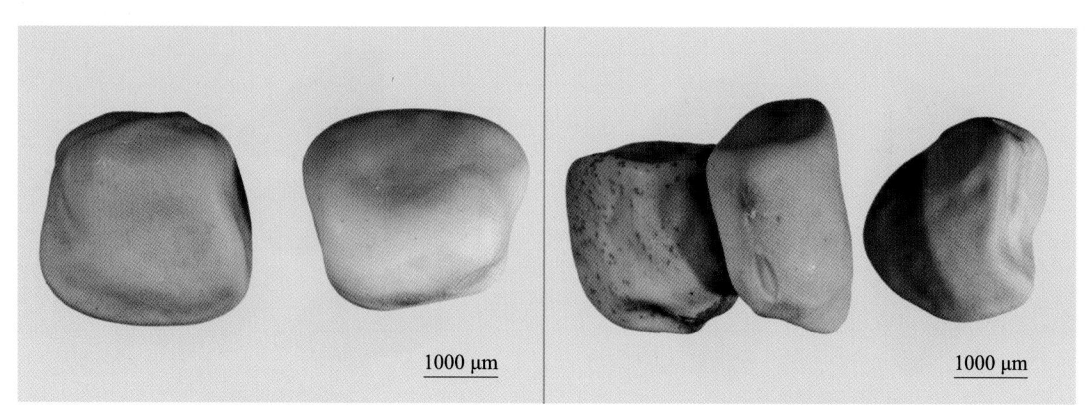

山黧豆双粒种子图片　　山黧豆多粒种子图片

胡枝子 *Lespedeza bicolor* Turcz.

【别名】二色胡枝子、山扫帚、扫条

【科】豆科

【属】胡枝子属

【生长特征】直立灌木。多分枝，有条棱，被疏短毛。三出复叶互生，顶生小叶宽椭圆形或卵状椭圆形，先端钝圆，具短刺尖，基部楔形或圆形，叶背面疏生平伏短毛；侧生小叶较小，具短柄；托叶条形。

【地理分布】分布于我国东北、华北、西北及内蒙古、湖北、浙江、江西等地；朝鲜、日本、俄罗斯和蒙古国有分布。生长于旱地、路旁等。

【种子形态】种子三角状倒卵形，两侧扁，长 3.0 ～ 4.0 mm，宽 2.3 ～ 3.0 mm，厚 1.5 ～ 2.0 mm ；胚根尖突出，不与子叶分开，长约为子叶长的 1/2，两者之间界线不明显；表面黑紫色或底色为褐色，具密的黑紫色花斑，近光滑，有光泽，具微细颗粒；种脐圆形，黄色，在种子中部偏下，直径约 0.23 mm（不包括脐冠），具脐沟，脐沟与种脐同色；环状脐冠白色，突出；种瘤在种脐下边，距种脐约 0.55 mm ；脐条呈沟状；无胚乳。

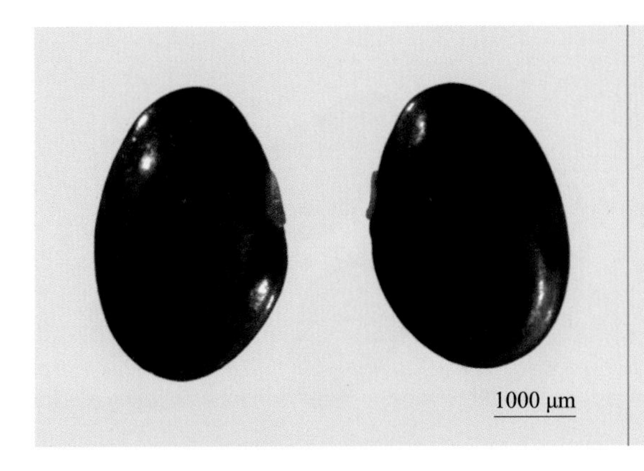

胡枝子双粒种子图片

胡枝子多粒种子图片

 绢毛胡枝子 *Lespedeza cuneata* (Dum.-Cours.) G. Don

【别名】铁马鞭、苍蝇翼、夜关门、截叶铁扫帚

【科】豆科

【属】胡枝子属

【生长特征】直立小灌木。枝细长，薄被微柔毛。茎直立或斜升，被毛，上部分枝。3出复叶互生，密集，柄短；小叶楔形或线状楔形，先端钝或截形，具小刺尖，在中部以下渐狭，基部楔形，上面近无毛，下面密被伏毛。

【地理分布】分布于我国山东、河南、陕西、广东和云南等地；印度、日本和巴基斯坦有分布。生长于路边、草地、山坡及林下等。

【种子形态】荚果宽卵形或近球形，被伏毛，长 2.5 ～ 3.5 mm，宽约 2.5 mm。种子斜倒阔卵形，两侧稍扁，两端钝圆，长约 2.0 mm，宽约 1.0 mm；胚根紧贴于子叶上，胚根尖不与子叶分开，长约为子叶长的 1/2；种皮浅绿黄色或黄色，有时具疏散的红色花斑，表面平滑，有光泽；种脐圆形，红褐色，凹陷，位于种子腹部下半部处；脐缘有一白色领状环，晕轮红褐色，种瘤褐色，距种脐约 0.1 mm，和脐条连生；种皮革质，内含微量胚乳。

绢毛胡枝子双粒种子图片　　绢毛胡枝子多粒种子图片

77 达乌里胡枝子 *Lespedeza davurica* (Laxm.) Schindl

【别名】兴安胡枝子、牛枝子、牛筋子

【科】豆科

【属】胡枝子属

【生长特征】草本状半灌木。茎单一或数个簇生，通常稍斜升。羽状三出复叶，小叶披针状长圆形，先端圆钝，有短刺尖，基部圆形，全缘，有平伏柔毛。

【地理分布】分布于我国东北、华北、西北和华中地区及云南省等；朝鲜、日本、俄罗斯有分布。生长于森林草原和草原地带的山坡、丘陵坡地和沙质地等。

【种子形态】荚果倒卵形或长倒卵形，两面凸起，顶端有刺尖，基部稍狭，有毛。种子倒卵形，长 2.0 ～ 2.5 mm，宽 1.3 ～ 1.5 mm，厚 1.0 mm，两侧扁；胚根紧贴于子叶上，胚根尖不与子叶分开，长约为子叶长的 1/2 ；表面棕黄色，或具红紫色花斑，光滑，有光泽；种脐圆形，黄色，位于种子长的 1/2 以下；脐冠白色，环状；晕轮黄白色，两侧较窄，上下端较宽；种瘤在种脐下边，距种脐约 0.26 mm，与脐条连生。

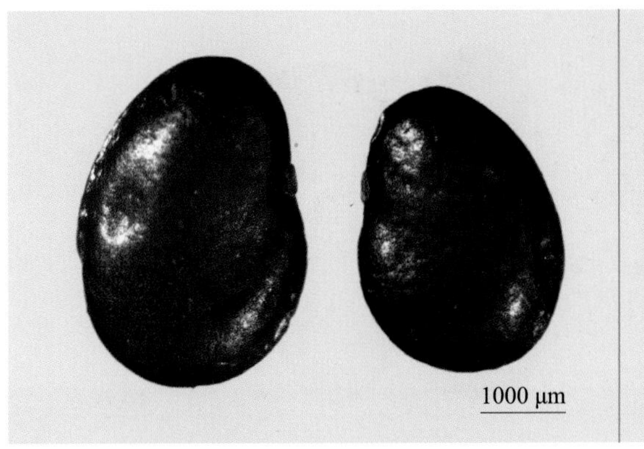

达乌里胡枝子双粒种子图片

达乌里胡枝子多粒种子图片

78 银合欢 *Leucaena leucocephala* (Lam.) de Wit.

【别名】萨尔瓦多银合欢、新银合欢、白合欢

【科】豆科

【属】银合欢属

【生长特征】灌木或小乔木。幼枝被短柔毛，老枝无毛，具褐色皮孔，无刺。二回羽状复叶；托叶三角形；叶轴被柔毛，在最下一对羽片着生处有黑色腺体 1 枚；小叶 5 ～ 15 对，线状长圆形，先端钝或锐尖，无毛，基部楔形。

【地理分布】分布于我国福建、广东、广西和云南等地；原产于墨西哥的尤卡坦半岛，菲律宾、印度尼西亚、斯里兰卡、泰国和澳大利亚等地有栽培。生长于荒地及疏林中。

【种子形态】荚果带状，长 10.0 ～ 18.0 cm，宽 1.4 ～ 2.0 cm，顶端凸尖，基部有柄，纵裂，被微柔毛。种子卵形，褐色，长约 7.5 mm，两侧扁，光滑有光泽，具与种子边缘平行的深褐色椭圆纹路；基部钝圆突出；种脐位于种子基部。

银合欢双粒种子图片

银合欢多粒种子图片

79 羊草 *Leymus chinensis* (Trin.) Tzvel.

【别名】碱草

【科】禾本科

【属】赖草属

【生长特征】多年生草本。秆直立，疏丛生或单生，具 4 ～ 5 节。叶鞘枯黄色，平滑，基部残留叶鞘呈纤维状；叶舌纸质，截平，顶具裂齿；叶片扁平或内卷，上面及边缘粗糙，下面较平滑。

【地理分布】分布于我国东北三省、内蒙古、河北、山西、陕西、新疆等地；俄罗斯、日本和朝鲜有分布。生长于平原绿洲林区、田边及地埂等。

【种子形态】小穗长 10.0 ～ 22.0 mm，成熟时黄色；穗轴节间光滑，长 1.0 ～ 1.5 mm；颖披针形，锥状，偏斜着生，质地较硬，具不显著 3 脉，背面中下部光滑，上部粗糙，边缘具微纤毛；外稃披针形，具狭窄膜质的边缘，顶端渐尖或形成芒状小尖头，背部具不明显的 5 脉，基盘光滑，第一外稃长 8.0 ～ 9.0 mm；内稃等长于外稃，脊上半部具微细纤毛或近无毛。颖果长椭圆形，深褐色，长 5.0 ～ 7.0 mm，宽 1.0 mm。

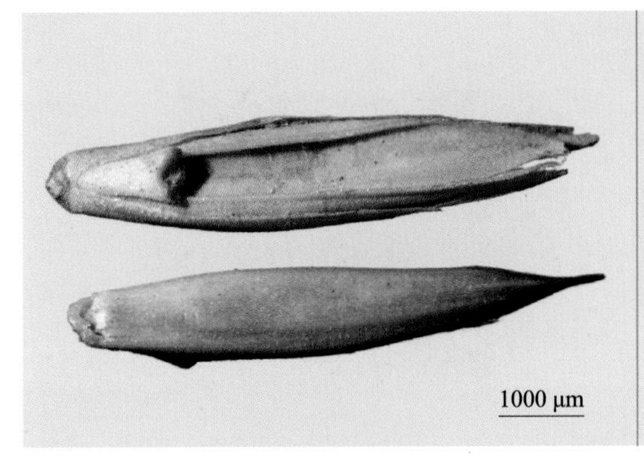

羊草双粒种子图片

羊草多粒种子图片

赖草 *Leymus secalinus* (Gorgi) Tzvel.

【科】禾本科

【属】赖草属

【生长特征】多年生草本。秆单生或丛生，直立，具3～5节，光滑无毛或在花序下密被柔毛。叶鞘光滑无毛，或在幼嫩时边缘具纤毛；叶舌膜质，截平；叶片扁平或内卷，上面及边缘粗糙或具短柔毛，下面平滑或微粗糙。

【地理分布】分布于我国东北三省、新疆、甘肃、青海、陕西、四川、内蒙古、河北、山西等地。俄罗斯、朝鲜和日本有分布。生长于沙地、平原绿洲及山地草原带等。

【种子形态】穗轴被短柔毛，节与边缘被长柔毛；小穗轴节间长1.0～1.5 mm，贴生短毛；颖短于小穗，线状披针形，先端狭窄如芒，不覆盖第一外稃的基部，具不明显的3脉，上半部粗糙，边缘具纤毛，第一颖短于第二颖，长8.0～15.0 mm；外稃披针形，边缘膜质，先端渐尖或具长1.0～3.0 mm的芒，背具5脉，被短柔毛或上半部无毛，基盘具长约1.0 mm的柔毛，第一外稃长8.0～10.0（14）mm；内稃与外稃等长，先端2裂，脊的上半部具纤毛。

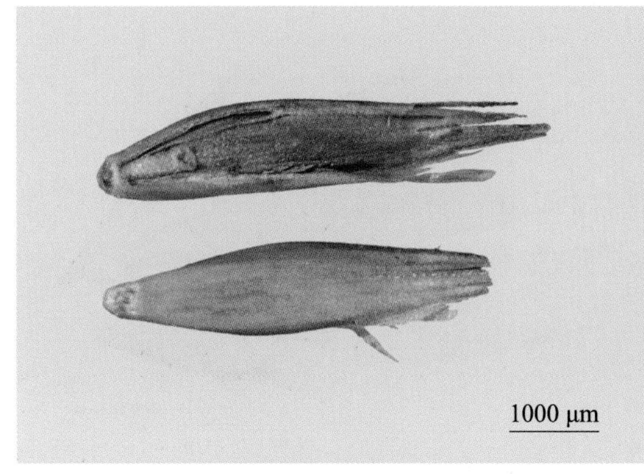

赖草双粒种子图片

赖草多粒种子图片

81 多花黑麦草 *Lolium multiflorum* Lam.

【别名】一年生黑麦草、意大利黑麦草

【科】禾本科

【属】黑麦草属

【生长特征】一年生草本，越年生或短期多年生草本。秆成疏丛，直立或基部偃卧节上生根，具 4 ～ 5 节，较细弱至粗壮。叶鞘疏松，光滑或粗糙；有时具叶耳，平展，略粗涩；叶舌膜质，较小或退化不显著；叶片扁平，无毛，上面微粗糙。

【地理分布】分布于我国新疆、陕西、河北、湖南、贵州、云南、四川和江西等地；原产于欧洲南部、非洲北部等地，英国、美国、丹麦、新西兰、澳大利亚、日本等有分布。生长于草原、牧场、草坪及荒地等。

【种子形态】小穗轴节间矩形，长约 1.0 mm，两侧扁，具微毛。颖披针形，质地较硬，具 5 ～ 7 脉，长 5.0 ～ 8.0 mm，具狭膜质边缘，顶端钝，通常与第一小花等长；外稃披针形，淡黄色或黄色，质薄，顶端膜质透明，具 5 脉，中脉延伸成长 5.0 mm 的细弱芒，直或稍向后弯曲；内稃近等长于外稃，具 2 脊，脊上具微纤毛，基部有一段小穗轴，光滑无毛。颖果扁椭圆形，褐色至棕色，顶部钝圆，具茸毛；脐不明显；腹面凹陷，中间具沟；胚卵形至圆形，长占颖果的 1/5。

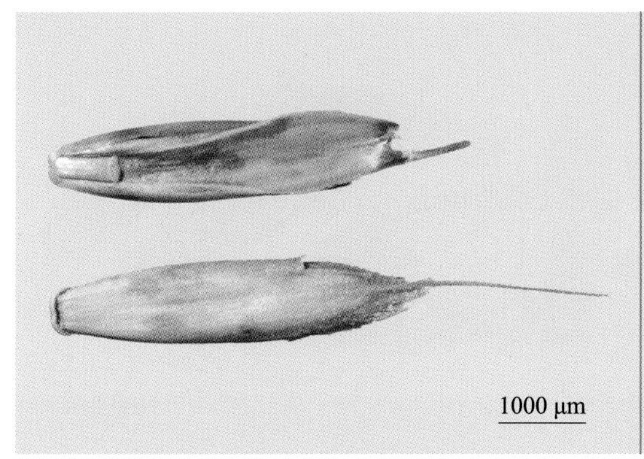

多花黑麦草双粒种子图片

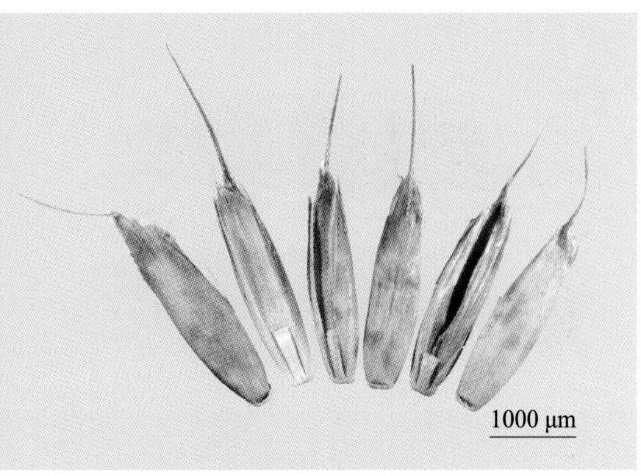

多花黑麦草多粒种子图片

82 多年生黑麦草 *Lolium perenne* L.

【别名】黑麦草

【科】禾本科

【属】黑麦草属

【生长特征】多年生草本。秆多数丛生，成疏丛型，具 3 ～ 4 节，质软，基部常斜卧，节上生根。叶鞘疏松，短于节间；叶舌短小；叶片线形，扁平，质地柔软，具微柔毛，有时具叶耳。

【地理分布】我国各地引种栽培的优良牧草；原产于欧洲，北美洲、欧洲、亚洲、非洲北部和大洋洲均有分布。生长于草原、牧场、草坪和荒地等。

【种子形态】小穗轴节间近多面体或矩圆形，长约 1.0 mm，两侧扁，平滑无毛，不与内稃紧贴。颖披针形，为其小穗长的 1/3，具 5 脉，边缘膜质；外稃草质，披针形，淡黄色或黄色，具 5 脉，平滑，基盘明显，顶端无芒或上部小穗具短芒；内稃等长于外稃，具 2 脊，脊上具短纤毛，基部有一段小穗轴。颖果椭圆形，长 2.5 ～ 3.4 mm，宽 1.0 ～ 1.3 mm，棕褐色至深棕色，顶端有白色茸毛，背面拱圆，腹面扁，微凹；胚卵形，长占颖果的 1/5 ～ 1/4。

多年生黑麦草双粒种子图片

多年生黑麦草多粒种子图片

83 百脉根 *Lotus corniculatus* L.

【别名】牛角花、五叶草、鸟趾草

【科】豆科

【属】百脉根属

【生长特征】多年生草本。茎丛生，直立或斜升，疏被长柔毛或以后脱落，实心，近四棱形。单数羽状复叶，具小叶 5 枚；小叶纸质，卵形或倒卵形，先端尖，基部宽楔形或略歪斜，全缘，无毛。

【地理分布】我国南北等地均有栽培，云南、贵州、四川、湖北、湖南、陕西和甘肃等地有野生种；原产于欧洲、亚洲的湿润地带。生长于湿润的山坡、草地、田野或河滩地等。

【种子形态】种子阔卵形或近圆肾形，长 1.5 mm，宽 1.3 mm，两侧稍扁；胚根粗，突出，胚根尖不与子叶分开，长约为子叶的 1/2 或以上；种皮橄榄绿色或暗褐色，一般具模糊的紫褐色斑点，表面近平滑，无光泽；种脐圆形，位于种子腹面近中部，直径约 0.17 mm，白色，微凹，周围有一圈白色领状环，晕环褐色；种瘤深褐色，位于种脐下边，突起，距种脐约 1.4 mm ；脐条明显，与种瘤连生；有胚乳。

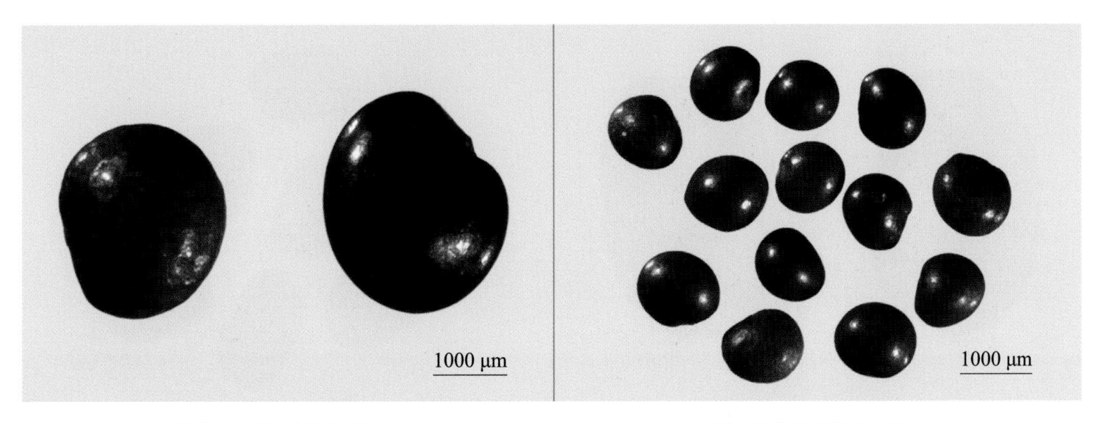

百脉根双粒种子图片　　百脉根多粒种子图片

84 紫花大翼豆 *Macroptilium atropurpureum* (DC.) Urb.

【别名】赛刍豆、紫菜豆

【科】豆科

【属】大翼豆属

【生长特征】多年生草本。茎被短柔毛或茸毛，逐节生根。羽状复叶，具3小叶；托叶卵形，被长柔毛，脉显露；小叶卵形至菱形，有时具裂片，侧生小叶偏斜，外侧具裂片，先端钝或急尖，基部圆形，上面被短柔毛，下面被银色茸毛。

【地理分布】分布于我国广西、广东、福建和江西等地；原产于中美洲和南美洲，现全球热带、亚热带许多地区均有栽培。

【种子形态】荚果线形，长5.0～9.0 cm，宽不逾3.0 mm，顶端具喙尖。种子长圆状椭圆形，长4.0 mm，两侧不规则隆起；表面红黑色或绿黑色，具黑色及棕色大理石花纹，光滑，有光泽，具凹痕；种脐白色，位于种子中央凹陷处，有黑色环；胚根紧贴子叶上，胚根尖不与子叶分开。

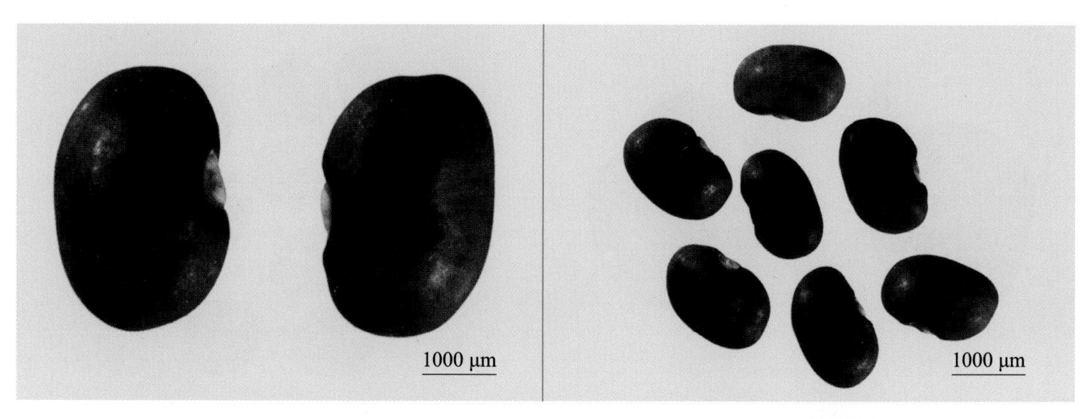

紫花大翼豆双粒种子图片　　紫花大翼豆多粒种子图片

85 大翼豆 *Macroptilium lathyroides* (L.) Urb.

【别名】长序菜豆、宽翼豆

【科】豆科

【属】大翼豆属

【生长特征】一年生或二年生直立草本。茎密被短柔毛。羽状复叶，具3小叶；托叶披针形，脉纹显露；小叶窄椭圆形至卵状披针形，先端急尖，基部楔形，上面无毛，下面密被短柔毛或薄被长柔毛，无裂片或微具裂片。

【地理分布】我国广东、福建有栽培；原产于热带美洲，现广泛栽培于热带、亚热带地区。

【种子形态】荚果线形，长5.5～10.0 cm，宽2.0～3.0 mm，密被短柔毛。种子斜长圆形或矩圆形；表面深褐色、绿黑色或红黑色，长约3.0 mm，具棕色及黑色花斑，光滑，有光泽，具凹痕；种脐白色，位于种子中央凹陷处；胚根紧贴子叶上，胚根尖不与子叶分开。

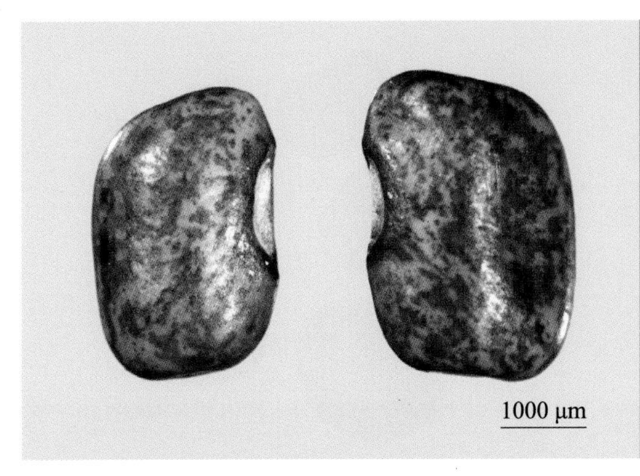

大翼豆双粒种子图片

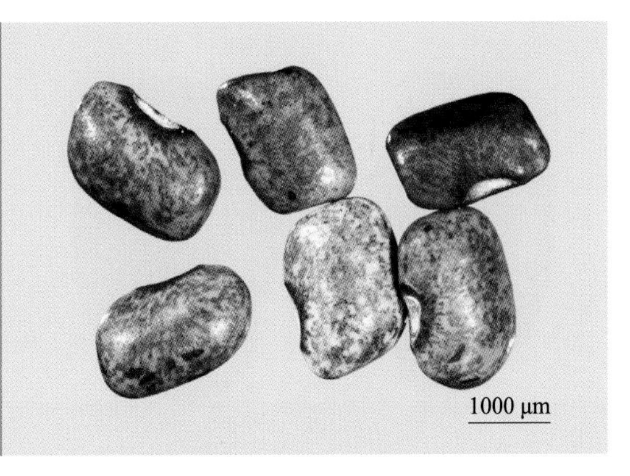

大翼豆多粒种子图片

86 天蓝苜蓿 *Medicago lupulina* L.

【别名】天蓝、野苜蓿、接筋草

【科】豆科

【属】苜蓿属

【生长特征】一年生或多年生草本。茎匍匐或稍直立，多分枝。羽状三出复叶；托叶斜卵形；下部叶柄较长，上部叶柄比小叶短；小叶纸质，倒卵形、宽倒卵形或倒心形，先端钝圆，微缺，上部具细锯齿，基部宽楔形，两面被毛。

【地理分布】除青藏高原的高寒地区和荒漠外，分布于我国南北各地；俄罗斯、蒙古国、日本、朝鲜、东南亚及欧洲各国均有分布。生长于河岸、路边、田野及林缘等。

【种子形态】荚果肾形，弯曲，长 2.0 ～ 3.0 mm，宽 1.0 ～ 1.5 mm，两侧拱圆；果皮表面被柔毛，并有同心圆纵脉纹。种子倒卵形或肾状椭圆形，长 1.5 ～ 2.0 mm，宽 1.0 ～ 1.4 mm，厚 1.0 ～ 1.2 mm，两侧拱形；胚根紧贴于子叶上，胚根尖与子叶分开，两者之间有一条白色线，长为子叶长的 1/2 ～ 2/3 ；种皮黄绿色或黄褐色，表面近光滑，无光泽或微有光泽，具微颗粒；种脐圆形，褐色，凹陷，位于种子腹部；晕轮黄白色或黄褐色，隆起；种瘤褐色或暗褐色，位于近种子基部，突起；脐条呈褐色花斑；有胚乳。

天蓝苜蓿双粒种子图片　　天蓝苜蓿多粒种子图片

87 紫花苜蓿 *Medicago sativa* L.

【别名】苜蓿

【科】豆科

【属】苜蓿属

【生长特征】多年生草本。茎直立或有时斜升，绿色或带紫色，多分枝。羽状三出复叶；托叶狭披针形；小叶纸质，长卵形、倒长卵形至线状卵形，先端钝，具小尖刺，基部楔形，上面无毛，下面被贴伏柔毛。

【地理分布】我国各地都有栽培；原产于小亚细亚和伊朗等地，现世界各国广泛种植。生长于田边、路旁、草原、河岸及沟谷等地。

【种子形态】种子肾形，长 2.0 ～ 3.0 mm，宽 1.2 ～ 1.8 mm，厚 0.7 ～ 1.1 mm，稍扁，略弯曲，两端钝圆；胚根与子叶分开或不分开，长为子叶长的 1/2 或略短，两者之间有一条白线；种皮黄色至黄褐色，表面平滑，有光泽，具微颗粒；种脐圆形，黄白色，直径 0.2 mm，微凹陷，位于种子腹部凹陷内，晕轮浅褐色；种瘤浅褐色，在种脐下边，距种脐 1.0 mm 以内，突出；有胚乳。

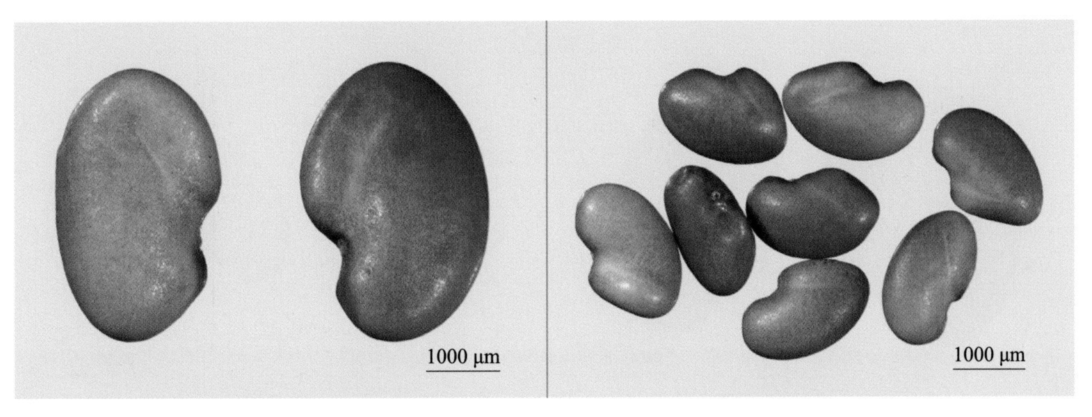

紫花苜蓿双粒种子图片　　紫花苜蓿多粒种子图片

88 白花草木樨 *Melilotus albus* Medik.ex Desr.

【别名】白香草木樨、金花草

【科】豆科

【属】草木樨属

【生长特征】二年生草本。茎直立，圆柱形，中空，多分枝，几无毛。羽状三出复叶；托叶锥形或条状披针形，先端尖锐呈尾状，基部宽；小叶长圆形或倒披针状长圆形，先端钝圆，基部楔形，边缘疏具细锯齿，上面无毛，下面被细柔毛。

【地理分布】分布于我国东北、华北、西北及西南各地；原产于欧洲亚温带。生长于田边、路旁及荒地等处。

【种子形态】种子倒卵形或肾状椭圆形，长 1.5 ～ 2.5 mm，宽 1.3 ～ 1.7 mm，厚 0.8 ～ 1.2 mm，一侧圆形，另一侧扁平；胚根比子叶薄，胚根尖突出，不与子叶分开，为子叶长的 2/3 ～ 3/4（或更长），两者之间有一条白线；种皮黄色或黄褐色，表面近光滑，无光泽，具微颗粒；种脐圆形，白色，凹陷，位于种子基端，直径约 0.13 mm，脐周有一圈不明显的褐色小瘤；脐条呈斑状；种瘤褐色，突出，位于种子基端一侧处，距种脐 0.5 mm ；胚乳极薄。

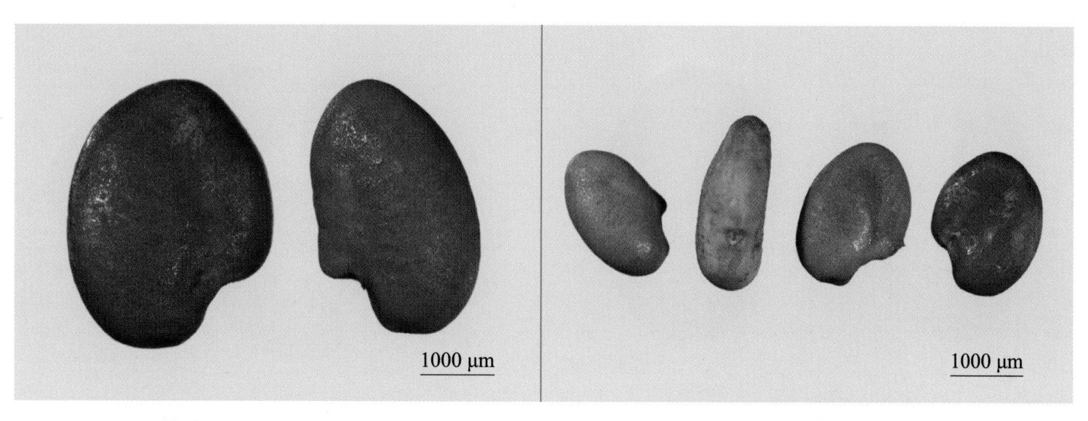

白花草木樨双粒种子图片　　白花草木樨多粒种子图片

89 黄花草木樨 *Melilotus officinalis* (L.) Pall.

【别名】香草木樨、香马料

【科】豆科

【属】草木樨属

【生长特征】一年生或二年生草本。茎直立，粗壮，多分枝，具纵棱，微被柔毛。羽状三出复叶；托叶镰状线形，中央有 1 条脉纹，全缘或基部有 1 尖齿；小叶倒卵形、阔卵形、倒披针形至线形，先端钝圆，具短尖头，基部楔形，上面无毛，下面散生短柔毛。

【地理分布】分布于我国东北、华北、西北及西藏和四川等地；欧洲和北美洲有分布。生长于山坡、路旁、荒地及林缘等。

【种子形态】种子肾形，长约 2.0 mm，宽约 1.5 mm，厚 1.0 mm，两侧钝圆；胚根紧贴于子叶上，胚根尖不与子叶分开，长为子叶长的 2/3 ～ 3/4，两者之间有一条模糊的白线；种皮黄绿色或浅褐色，具紫色点状花斑或无，不具花斑者与白花草木樨种子较难区别；表面光滑，无光泽或稍有，具微颗粒；种脐圆形，呈白色或褐色，直径 0.17 mm，凹陷，中间有条褐色脐沟，位于种子基端一侧；种瘤褐色，微突出，位于种脐边缘上，距种脐 0.5 mm ；脐条褐色，斑状；有胚乳。

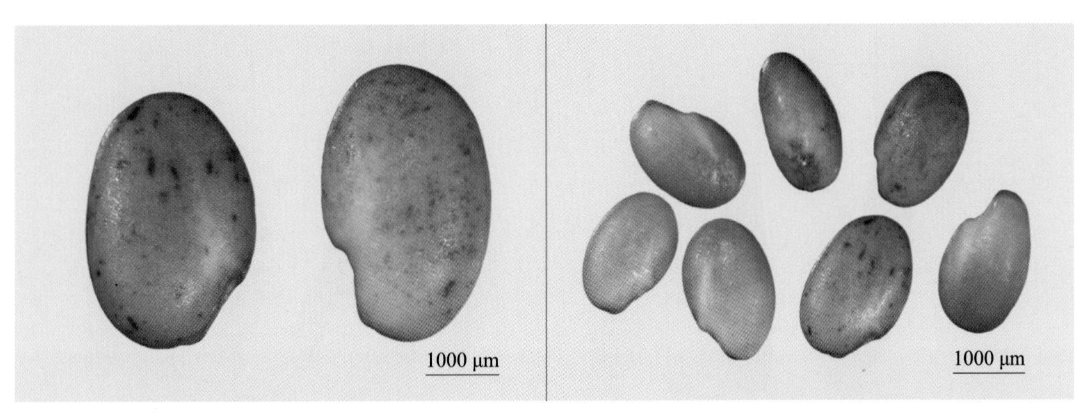

黄花草木樨双粒种子图片　　黄花草木樨多粒种子图片

糖蜜草 *Melinis minutiflora* Beauv.

【科】禾本科

【属】糖蜜草属

【生长特征】一年生或多年生草本。秆下部常匍匐，基部平卧，于节上生根，上部直立。叶鞘短于节间；叶舌退化至很短，膜质，顶端具长毛；叶片线形，两面被毛。

【地理分布】我国四川等地曾有引种；原产于非洲，现已被许多热带国家引种栽培为牧草。

【种子形态】小穗卵状椭圆形，长约 2.0 mm，两侧压扁，无毛；第一颖小，三角形，无脉；第二颖长圆形，具 7 脉，顶端 2 齿裂，裂齿间具短芒或无；第一小花退化，外稃狭长圆形，具 5 脉，顶端 2 裂，裂齿间具一纤细的长芒，长可达 10.0 mm，内稃缺；第二小花两性，外稃卵状长圆形，较第一小花外稃稍短，具 3 脉，顶端微 2 裂，透明，内稃与外稃形状、质地相似。颖果长圆形。

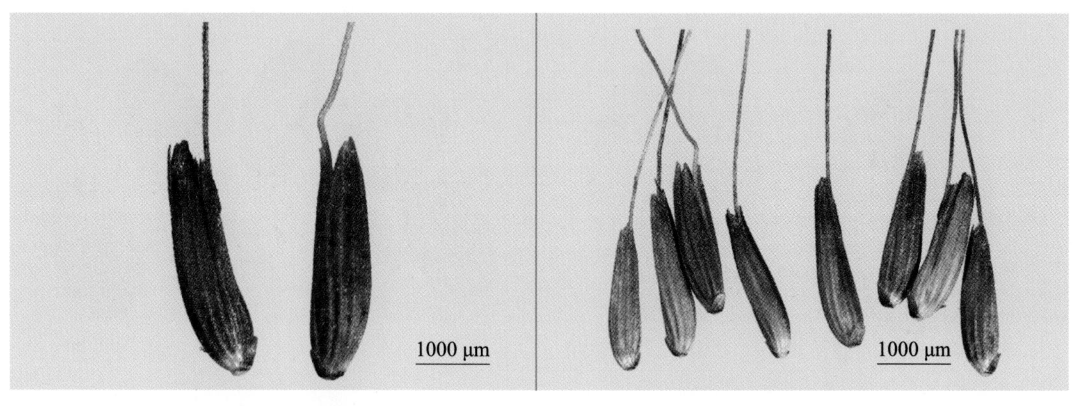

糖蜜草双粒种子图片　　糖蜜草多粒种子图片

91 西伯利亚白刺 *Nitraria sibirica* Pall.

【别名】小果白刺、小叶白刺、海枣、地枣、葡萄稞子、哈蟆儿

【科】蒺藜科

【属】白刺属

【生长特征】落叶灌木。多分枝，弯曲或直立；小枝灰白色，先端刺状。叶近无柄，在嫩枝上4～6片簇生，倒披针形，先端锐尖或钝，基部渐窄成楔形，无毛或幼时被柔毛。

【地理分布】分布于我国西北、华北及四川、贵州和西藏等地；原产于亚洲中部，蒙古国、中亚、西伯利亚和欧洲有分布。生长于盐碱化低地及干旱山坡等。

【种子形态】核果椭圆形或近球形，两端钝圆，长6.0～8.0 mm，熟时暗红色，果汁暗蓝色，带紫色；果核卵形，先端尖，长4.0～8.0 mm，宽2.0～4.0 mm；表面黄色、褐色或红棕色，粗糙，无光泽，有密度不均的小孔，先端渐尖。果实内有1粒种子，种子中央至尖部三面各有两条平行凹痕；种皮浅黄色，卵圆形；胚黄色。

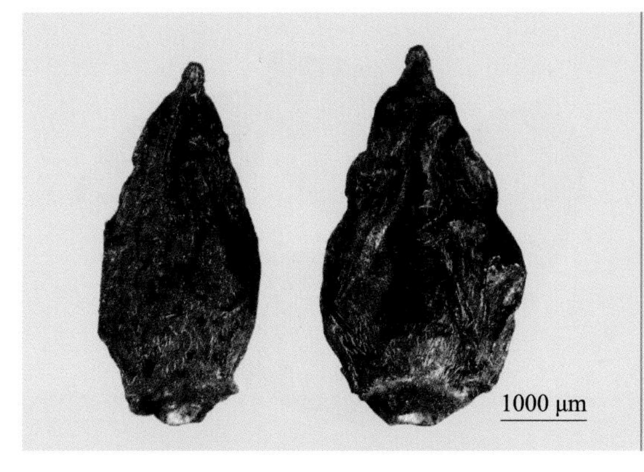

西伯利亚白刺双粒种子图片

西伯利亚白刺多粒种子图片

92 唐古特白刺 *Nitraria tangutorum* Bobr.

【别名】酸胖、白茨

【科】蒺藜科

【属】白刺属

【生长特征】灌木。多分枝，弯、平卧或开展；不孕枝先端刺针状；嫩枝白色。叶在嫩枝上 2 ～ 3（4）片簇生，宽倒披针形或倒披针形，先端钝圆或平截，基部渐窄成楔形，全缘。

【地理分布】分布于我国陕西北部、内蒙古中西部、宁夏、甘肃及新疆等地。生长于荒漠、半荒漠的湖盆沙地、河流阶地和山前平原积沙地等。

【种子形态】核果卵形，有时椭圆形，熟时深红色，果汁玫瑰色，长 8.0 ～ 12.0 mm，直径 6.0 ～ 9.0 mm ；果核狭卵形，长 5.0 ～ 8.0 mm，宽 3.0 ～ 4.0 mm ；表面黄色、褐色或棕色，粗糙，无光泽，有密度不均的小孔，先端短渐尖。果实内有 1 粒种子，种子中央至尖部三面各有两条平行凹痕；种皮浅黄色，卵圆形；胚黄色。

唐古特白刺双粒种子图片

唐古特白刺多粒种子图片

93 红豆草 *Onobrychis viciifolia* Scop.

【别名】驴食草、驴食豆、红羊草

【科】豆科

【属】驴食草属

【生长特征】多年生草本。茎直立，中空，粗大，具纵条棱，疏生短柔毛。奇数羽状复叶；小叶 13 ～ 27，长圆形、长椭圆形或披针形，先端钝圆或尖，基部楔形，上面无毛，下面被长柔毛；托叶尖三角形，褐色。

【地理分布】分布于我国内蒙古、山西、北京、新疆、陕西、宁夏、青海和吉林等地；世界各国均有栽培。生长于农田及路边等。

【种子形态】荚果阔卵形，长 5.0 ～ 8.0 mm，扁形，两端具粗网纹，纹脊隆起，并具刺状齿，网眼底平，密被白色短柔毛，背部拱形，边缘前半部有 5 ～ 7 个刺状齿，腹部截平。种子肾形，长 4.1 ～ 4.8 mm，宽 2.7 ～ 3.2 mm，厚 2.0 ～ 2.2 mm，两侧稍扁，背部拱圆，腹部稍凹；胚根粗且突出，胚根尖不与子叶分开，长约为子叶长的 1/3，两者间有一条向内弯曲的白色线；种皮红褐色或褐色，表面近光滑；种脐圆形，褐色，直径 0.99 mm，位于种子腹部的中央凹陷内，具白色附属物；脐边色深，脐沟白色；晕轮褐黄色至深褐色；种瘤深褐色，在种脐下边，距种脐 0.65 mm，突出；脐条中间有一条浅色线；无胚乳。

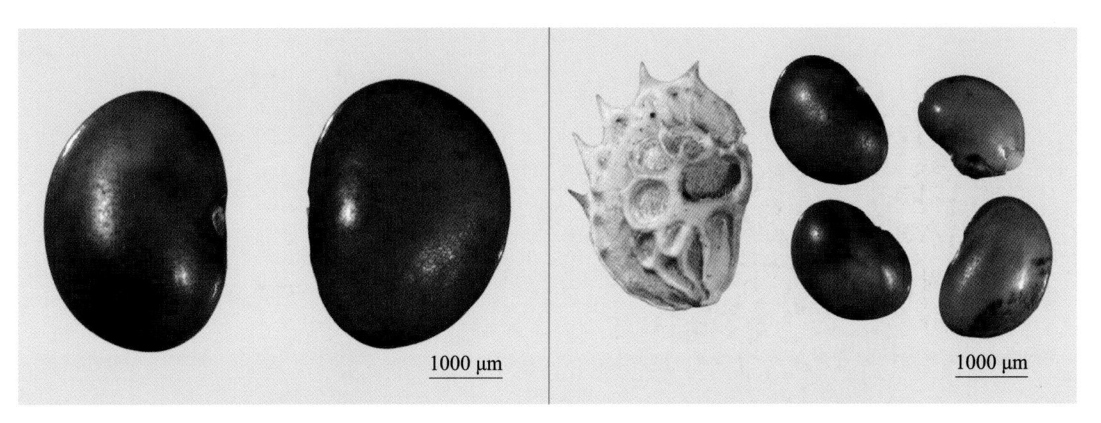

红豆草双粒种子图片　　红豆草多粒种子图片

黍 *Panicum miliaceum* L.

【别名】稷、糜子

【科】禾本科

【属】稷属

【生长特征】一年生草本。秆粗壮，直立，单生或少数丛生，有时有分枝，节密被髭毛。叶鞘松弛，被疣基毛；叶舌膜质，顶端具长约 2.0 mm 的睫毛；叶片条状披针形，顶端渐尖，基部近圆形，边缘常粗糙。

【地理分布】原产于我国北方，在我国北方干旱地区分布较广，东北北部、河北、山西、陕西北部、内蒙古、宁夏和甘肃等地区均有栽培。

【种子形态】小穗卵状椭圆形，长 4.0 ～ 5.0 mm；颖纸质，无毛，第一颖正三角形，长为小穗的 1/2 ～ 2/3，顶端尖或锥尖，通常具 5 ～ 7 脉；第二颖与小穗等长，通常具 11 脉，其脉顶端渐汇合呈喙状；第一外稃形似第二颖，具 11 ～ 13 脉；内稃透明膜质，短小，长 1.5 ～ 2.0 mm，顶端微凹或深 2 裂；第二小花长约 3.0 mm，成熟后因品种不同而有黄、乳白、褐、红和黑等色；第二外稃背部圆形，平滑，具 7 脉，内稃具 2 脉；种脐点状，黑色；胚乳长为谷粒的 1/2。

黍双粒种子图片　　黍多粒种子图片

95 柳枝稷 *Panicum virgatum* L.

【科】禾本科

【属】黍属

【生长特征】多年生草本。秆直立，质较坚硬。叶鞘无毛，上部的短于节间；叶舌短小，顶端具睫毛；叶片线形，顶端长尖，两面无毛或上面基部具长柔毛。

【地理分布】我国引种栽培作牧草；原产于北美。

【种子形态】小穗椭圆形，绿色或带紫色，顶端尖，无毛，长约 5.0 mm；具两颖，第一颖长为小穗的 2/3 ～ 3/4，具 5 脉，顶端尖至喙尖；第二颖与小穗等长，顶端喙尖，具 7 脉；第一外稃与第二颖同形但稍短，顶端喙尖，具 7 脉，其内稃较短；第二外稃长椭圆形，顶端稍尖，平滑，光亮。颖果黄绿色至黄色，椭圆形，背腹略扁，平滑有光泽，具 5 脉，顶端钝圆。

柳枝稷双粒种子图片　　　　柳枝稷多粒种子图片

96 毛花雀稗 *Paspalum dilatatum* Poir.

【别名】宜安草

【科】禾本科

【属】雀稗属

【生长特征】多年生草本。秆直立或基部倾斜，少数丛生，粗壮；叶鞘光滑，松弛；叶舌膜质；叶片条形，中脉明显，无毛。

【地理分布】我国云南、广东、福建、江西、湖北和贵州等地有种植；原产于南美洲，全球热带和温带地区有分布。生长于湿地、农田及水边等。

【种子形态】小穗卵形，长 3.0 ～ 4.0 mm，宽 2.0 ～ 2.5 mm，背腹扁，先端尖；第一颖缺如；第二颖与第一外稃同形而稍短，均膜质，内稃缺如；第二外稃近圆形，革质，表面具极微小的颗粒状突起，背面隆起，边缘内卷，包卷同质凹陷的内稃；内稃膜质，边缘包着颖果，两侧边缘中间部分各向内延伸，形成上下两个圆孔。颖果阔卵形，长约 1.7 mm，宽约 1.5 mm，背面拱圆，腹面稍凹陷，果皮浅黄褐色；脐明显，矩形，棕色；胚阔卵形，褐色，微凹，长约占颖果的 1/2，色同颖果。

毛花雀稗双粒种子图片

1000 μm

毛花雀稗多粒种子图片

97 巴哈雀稗 *Paspalum notatum* Flugge

【别名】金冕草、百喜草

【科】禾本科

【属】雀稗属

【生长特征】多年生草本。秆密丛生。叶鞘基部扩大，长于其节间，背部压扁成脊，无毛；叶舌膜质，极短，紧贴其叶片基部有一圈短柔毛；叶片扁平或对折，平滑无毛。

【地理分布】分布于我国河北、甘肃、云南和福建等地；原产于美洲，非洲、印度、东亚、澳大利亚及太平洋地区有分布。生长于田间、草地及荒地等。

【种子形态】小穗黄色，卵形，长 3.0 ～ 3.5 mm，宽 2.0 ～ 3.0 mm，顶端尖，边缘和两面平滑，有光泽，无毛；穗轴微粗糙，宽 1.0 ～ 1.8 mm ；第一颖缺如；第二颖稍长于第一外稃，具 5 脉，中脉不明显，顶端尖；第一外稃具 3 脉；第二外稃绿白色，长约 2.8 mm，顶端尖；带稃颖果与小穗同形，平凸，内外稃革质，有光泽；胚卵形，长约占颖果的 1/2，色同颖果。

巴哈雀稗双粒种子图片

巴哈雀稗多粒种子图片

98 棕籽雀稗 *Paspalum plicatulum* Michx.

【别名】皱稃雀稗

【科】禾本科

【属】雀稗属

【生长特征】多年生草本。秆直立，丛生，压扁。叶鞘长于节间，背部具脊，无毛或基部生柔毛；叶舌干膜质，黄色；叶片基部对折，上部扁平，顶端渐尖，上面基部与鞘口具长柔毛。

【地理分布】甘肃引种栽培；原产于美国东南部，南北美洲、印度和太平洋等地有分布。生长于田间、草地及荒地等。

【种子形态】小穗卵形至椭圆形，长约 3.0 mm，宽约 2.0 mm，淡褐色，中部最宽，成四行排列于穗轴一侧；颖近膜质，第一颖缺如；第二颖背部隆起，具 5 脉，侧脉近边缘，背部贴生微毛；第一外稃具 3 脉，边缘稍隆起，中脉与边脉之间有 4 个横皱纹；第二外稃深褐色，背部甚隆起，厚约 1.5 mm；内、外稃近骨质，具整齐小凹点，有光泽；外稃壳状拱起，5 脉，边缘包裹内稃，内稃等长于外稃，扁平。颖果卵圆形，灰褐色，背面凸出，腹面扁平，略有光泽；种脐条形，淡黄褐色，微凹；胚较大，约占颖果长的 1/3。

棕籽雀稗双粒种子图片　　棕籽雀稗多粒种子图片

宽叶雀稗 *Paspalum wettsteinii* Hack.

【科】禾本科

【属】雀稗属

【生长特征】多年生草本。具短根状茎，茎下部贴地面呈匍匐状，着地部分节上可长出不定根。秆无毛，具短柔毛。叶鞘暗紫色，茎上部叶鞘色较浅；叶片线状披针形，两面密被白色柔毛；叶缘具小锯齿。

【地理分布】我国广西、云南、贵州、广东、福建、湖南和江西等地引种栽培；原产于南美巴西、巴拉圭等亚热带多雨地区，新西兰、澳大利亚和巴西有栽培。

【种子形态】小穗卵形，长 3.0 ～ 4.0 mm，宽 2.0 ～ 3.0 mm，背腹扁，顶端尖，边缘和两面光滑；单生，呈两行排列于穗轴的一侧；外稃近圆形，革质，绿黄色，背面凸起，腹面扁平，稍凹陷。颖果卵形，浅褐色或乳黄色，一侧隆起，另一侧压扁，长约 2.0 mm；胚卵形，长占颖果的 1/2，色同颖果。

宽叶雀稗双粒种子图片　　宽叶雀稗多粒种子图片

狼尾草 *Pennisetum alopecuroides* (L.) Spreng

【别名】霸王草、紫芒狼尾草、狗仔尾、老鼠狼

【科】禾本科

【属】狼尾草属

【生长特征】多年生草本。秆直立，丛生。叶鞘光滑，两侧压扁，主脉呈脊，在基部者跨生状，秆上部者长于节间；叶片线形，先端长渐尖，基部生疣毛。

【地理分布】分布于我国南北各地；亚洲温带和大洋洲有分布。多生长于田岸、荒地、道旁及小山坡上。

【种子形态】小穗通常单生，偶有双生，线状披针形，褐黄色或带紫色，密生柔毛；刚毛褐色或紫褐色，长 10.0 ～ 25.0 mm ；第一颖微小或缺，卵形，膜质，先端钝，脉不明显或具 1 脉；第二颖卵状披针形，先端短尖，具 3 ～ 5 脉，长为小穗 1/2 ～ 2/3 ；第一外稃草质，具 7 ～ 11 脉，与小穗等长；第二外稃披针形，具 5 ～ 7 脉，与小穗等长，边缘包着同质的内稃。颖果矩圆形，扁平，灰褐色，呈指纹状，长 2.0 ～ 2.6 mm，宽 1.4 ～ 1.6 mm ；顶端具一与颖果约等长的宿存花柱；脐明显，上部紫褐色；胚卵形，凹陷，长约为颖果的 1/2。

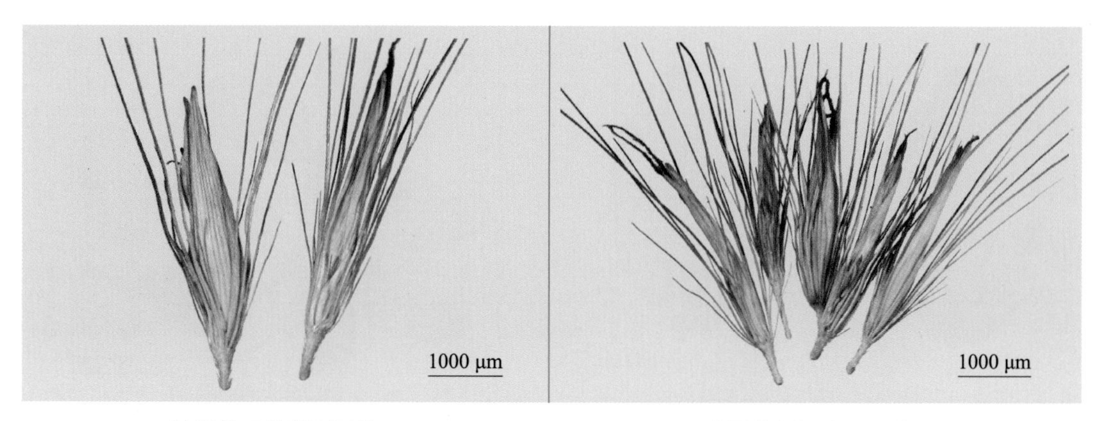

狼尾草双粒种子图片　　狼尾草多粒种子图片

象草 *Pennisetum purpureum* Schumach.

【别名】紫狼尾草

【科】禾本科

【属】狼尾草属

【生长特征】多年生丛生大型草本。秆直立，节上光滑或具毛。叶鞘光滑无毛或有粗密的硬毛；叶舌短小，纤毛状；叶片线形，扁平，质较硬，上面疏生刺毛，近基部有小疣毛，下面无毛，边缘粗糙。

【地理分布】分布于我国南方各地，尤其是广东、广西、福建、云南、江西和贵州等地；原产于非洲热带区域，全球各热带和亚热带地区引种栽培。

【种子形态】小穗披针形，通常单生或 2 ～ 3 枚簇生；两颖不等长，第一颖微小，三角形，长约 0.5 mm 或退化，先端钝或不等 2 裂，脉不明显；第二颖披针形，长约为小穗的 1/3，先端锐尖或钝，具 1 脉或无脉；第一外稃披针形，具 5 脉，脉上有微毛；内稃稍短于外稃，具 2 脉；第二外稃与小穗等长，披针形，具 5 脉，脉上有微毛；内稃短于外稃，具 2 脉，被微毛。颖果倒卵形，长 1.5 ～ 4.0 mm，宽 1.0 ～ 2.0 mm，稍扁，上半部呈浅蓝灰色，下半部淡黄褐色；胚倒卵形，长约占果体的 1/2；脐阔椭圆形，黑褐色，位于果实腹面基部。

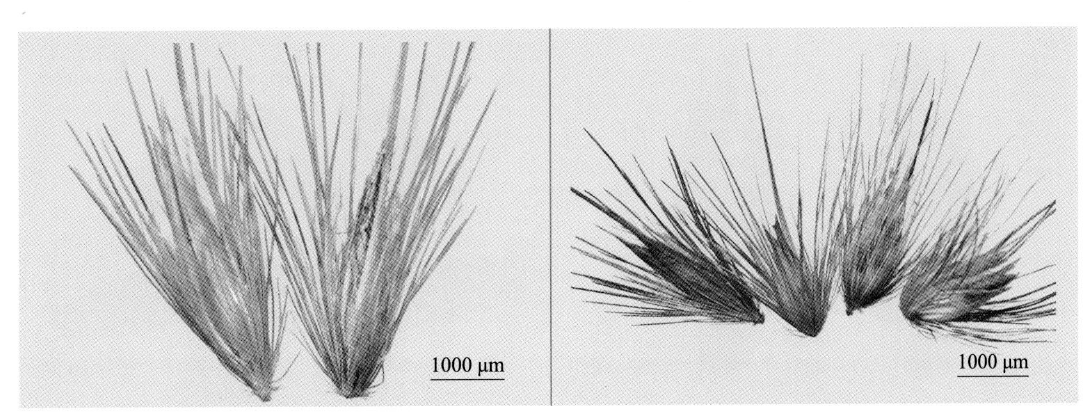

象草双粒种子图片　　象草多粒种子图片

虉草 *Phalaris arundinacea* L.

【别名】草芦、园草芦

【科】禾本科

【属】虉草属

【生长特征】多年生草本。秆直立，通常单生或少数丛生，有 6 ～ 8 节。叶鞘无毛，下部者长于节间而上部者短于节间；叶舌薄膜质；叶片扁平，灰绿色，幼嫩时微粗糙。

【地理分布】分布于我国东北、华北、西北、华东和华中等地区；北半球温带地区有分布。生长于林下、潮湿草地或水湿处等。

【种子形态】小穗披针形，长 4.0 ～ 5.0 mm，宽 3.0 ～ 4.0 mm，两侧扁；颖草质，披针形，具 3 脉，脉中部隆起成脊，其上部有极窄的翼；孕花外稃软骨质，披针形，长 3.0 ～ 4.0 mm，灰黄色或黄褐色，背面平滑，有光泽，具 5 脉，其上部及边缘有白色柔毛，边缘卷抱内稃；内稃舟形，具 2 脊，脊的两侧疏生柔毛。颖果近倒卵形，长约 1.5 mm，黑褐色，扁状；胚体近椭圆形，长约占颖果的 2/3。

虉草双粒种子图片

虉草多粒种子图片

猫尾草 *Phleum pratense* L.

【别名】梯牧草

【科】禾本科

【属】梯牧草属

【生长特征】多年生草本。秆直立，基部常球状膨大并宿存枯萎叶鞘，具6～8节。叶鞘松弛，短于或下部者长于节间，光滑无毛；叶舌膜质；叶片扁平，两面及边缘粗糙。

【地理分布】我国东北、华北和西北均有栽培；原产于欧亚大陆温带地区。生长于田间、路旁及荒地等。

【种子形态】小穗椭圆形，长约3.0 mm，宽约1.3 mm，淡黄褐色，两侧扁；颖膜质，椭圆形，长约3.5 mm，顶端具长0.5～1.0 mm的尖头，具3脉，中脉成脊，脊上有长硬纤毛；外稃薄膜质，长约2.0 mm，宽约1.0 mm，淡灰褐色，先端成小芒尖，具7～9脉，脉上有微毛；内稃稍短于外稃，具2脊，顶端圆形。颖果倒阔卵形，长约0.9 mm，宽0.6～0.7 mm，果皮红褐色，表面粗糙，无光泽，有不规则的小凸起。脐圆形，深褐色；腹面不具沟；胚卵形，突起，长约占颖果的1/3，色稍深于颖果。

猫尾草双粒种子图片

猫尾草多粒种子图片

湿地松 *Pinus elliottii* Engelmann

【科】松科

【属】松属

【生长特征】乔木。枝条每年生长 3 ～ 4 轮，小枝粗壮，橙褐色，后变为褐色至灰褐色，鳞叶上部披针形，淡褐色，边缘有睫毛，干枯后宿存数年不落，故小枝粗糙。针叶 2 ～ 3 针一束并存，刚硬，深绿色，有气孔线，边缘有锯齿。

【地理分布】我国湖北武汉，江西，浙江安吉、余杭，江苏南京、江浦，安徽径县，福建闽侯，广东广州、台山，广西柳州、桂林，台湾等地均有引种栽培；原产于美国东南部暖带潮湿的低海拔地区。适生长于低山丘陵地带及耐水湿等地。

【种子形态】球果圆锥形或窄卵圆形，长 6.5 ～ 13.0 cm，径 3.0 ～ 5.0 cm，有梗，种鳞张开后径 5.0 ～ 7.0 cm，成熟后至第二年夏季脱落；种鳞的鳞盾近斜方形，肥厚，有锐横脊，鳞脐瘤状，宽 5.0 ～ 6.0 mm，先端急尖，长不及 1.0 mm，直伸或微向上弯。种子卵圆形，微具 3 棱，长 6.0 mm，黑色，有灰色斑点，种翅长 0.8 ～ 3.3 cm，易脱落。

湿地松双粒种子图片

湿地松多粒种子图片

豌豆 *Pisum sativum* L.

【别名】麦豆、雪豆、荷兰豆

【科】豆科

【属】豌豆属

【生长特征】一年生草本。茎圆柱形，中空而脆，有分枝。双数羽状复叶，具小叶 2 ~ 6 片；托叶呈叶状，比小叶大，心形；小叶卵形或椭圆形，先端钝圆或尖，基部宽楔形或圆形，全缘，有时具疏齿。

【地理分布】在我国分布广泛，以四川、河南、陕西、山西、河北、山东、甘肃和青海等地较多；原产于亚洲西部及欧洲南部，世界各地均有分布。

【种子形态】荚果肿胀，长椭圆形，长 5.0 ~ 10.0 cm，宽 1.0 ~ 1.5 cm，顶端斜急尖，背部近于伸直，内侧有坚硬纸质的内皮。种子圆形，长 6.0 ~ 8.0 mm，宽 6.0 ~ 7.0 mm，厚约 4.0 mm；表面光滑，无光泽，青绿色，有皱纹或无，干后变为黄色；种脐长椭圆形，长 2.0 mm，宽 0.5 mm。

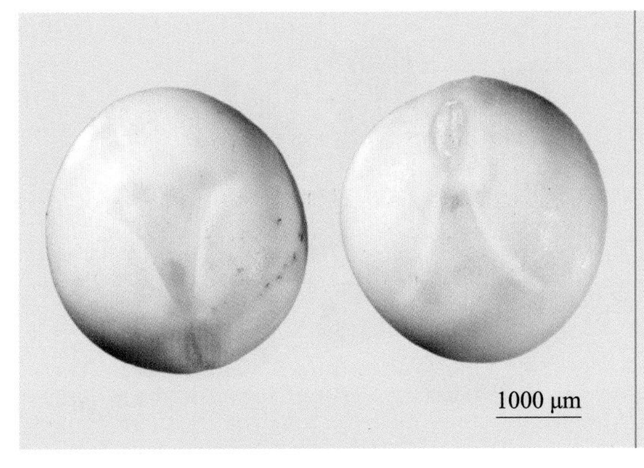

豌豆双粒种子图片

豌豆多粒种子图片

平车前 *Plantago depressa* Willd.

【别名】小车前、车轮菜、车轱辘菜

【科】车前科

【属】车前属

【生长特征】一年生或二年生草本。根茎短。叶基生呈莲座状，平卧、斜展或直立；叶片纸质，椭圆形、椭圆状披针形或卵状披针形，先端急尖或微钝，基部宽楔形至狭楔形，下延至叶柄，脉 5 ～ 7 条，上面略凹陷，于背面明显隆起，两面疏生白色短柔毛。

【地理分布】分布于全国各地；俄罗斯、蒙古国、日本和印度有分布。生长于草地、河滩、沟边、草甸、田间及路旁等。

【种子形态】蒴果卵状椭圆形至圆锥状卵形，长 4.0 ～ 5.0 mm，于基部上方周裂。种子椭圆形，长 1.2 ～ 1.8 mm，宽约 0.8 mm；背面拱圆，腹面平坦，其中央有一近圆形的白色斑点（即种脐）；种皮黄褐色至黑色，表面具颗粒状的皱纹，无光泽；种子含有丰富的胚乳，胚直生其中。

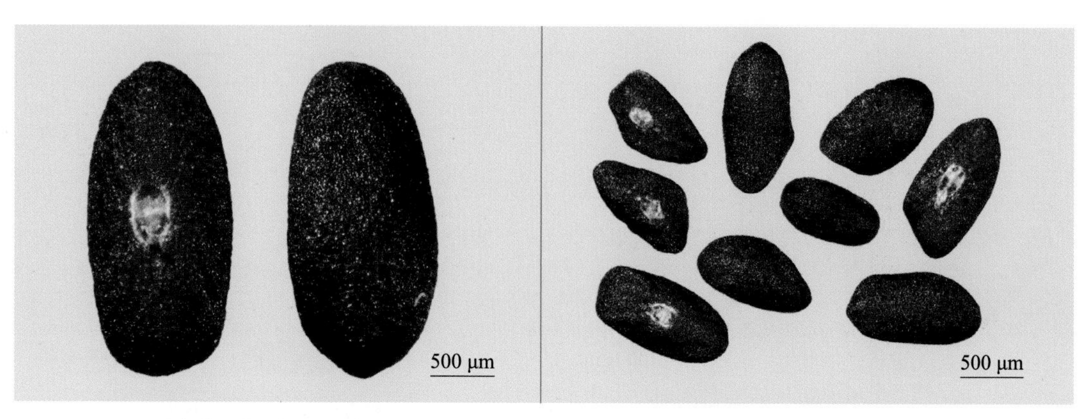

平车前双粒种子图片　　平车前多粒种子图片

长叶车前 *Plantago lanceolata* L.

【别名】车前子、车辙子、老牛舌

【科】车前科

【属】车前属

【生长特征】多年生草本。根茎粗短，不分枝或分枝。基生叶披针形、椭圆状披针形或条状披针形，先端尖，基部狭长成柄，全缘；两面密被柔毛或无毛，具 3 ～ 7 条明显的纵脉。

【地理分布】分布于我国东部沿海地区，内陆河边也有零星分布；欧洲有分布。生长于河滩、草原湿地、路边及荒地等。

【种子形态】蒴果狭卵球形，长 3.0 ～ 4.0 mm，于基部上方周裂。种子狭椭圆形至长卵形，长 2.0 ～ 2.6 mm，表面淡褐色至黑褐色，光滑有光泽，背面拱圆，腹面内凹成一条纵深宽沟，呈舟状；种脐褐色或黑褐色，位于腹面沟的中央；胚黄白色，位于胚乳中央。

长叶车前双粒种子图片

长叶车前多粒种子图片

大车前 *Plantago major* L.

【别名】车前、车前草

【科】车前科

【属】车前属

【生长特征】多年生草本。根茎粗短。基生叶纸质，密集，直立；叶片卵形或宽卵形，先端钝圆，边缘波状或有不规则锯齿，两面疏被柔毛。

【地理分布】分布于我国各地；中亚、西伯利亚和欧洲有分布。生长于路旁、沟边及田埂潮湿处等。

【种子形态】蒴果近球形、卵球形或宽椭圆球形，长 2.0 ～ 3.0 mm，于中部或稍低处周裂。种子常为卵形、椭圆形、菱形等，大小不等；经常至少一侧出现歪斜面或平截面，长 0.8 ～ 2.0 mm，宽 0.5 ～ 1.0 mm，厚 0.4 ～ 0.5 mm；表面浅至深褐色，微有光泽；背面平，稍拱凸，有纤细的纵向皱纹，中央具有浅黄色带条；腹面稍凸出或略显平坦，常由边缘向中间形成条纹；种脐约在腹面中部，下陷成圆形小凹，常带白色。

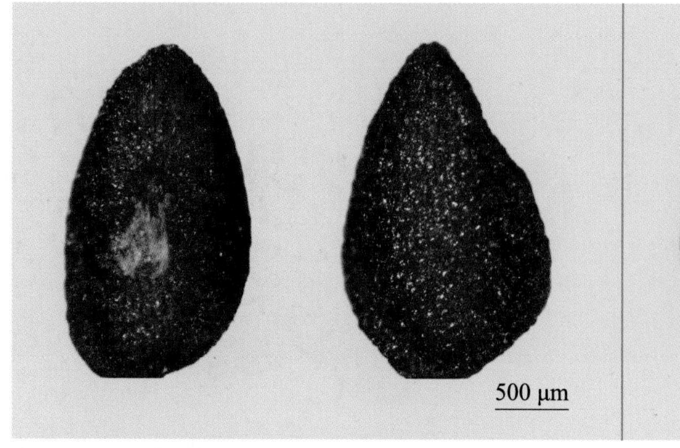

大车前双粒种子图片

大车前多粒种子图片

加拿大早熟禾 *Poa compressa* L.

【科】禾本科

【属】早熟禾属

【生长特征】多年生草本。秆扁平，直立或基部倾斜，单生或成疏丛，具5～6节。叶鞘平滑，质地柔软，压扁成脊，上部者短于其节间；叶舌截平；叶片扁平，平滑或上面微粗糙。

【地理分布】我国山东青岛、江西庐山、新疆、河北、天津等地引种栽培；欧洲、亚洲和北美广泛分布。生长于林带湿草地等。

【种子形态】小穗卵圆状披针形，黄褐色或灰绿色，长3.5～5.0 mm，宽约2.0 mm；小穗轴节间矩圆形，无毛，先端稍膨大，斜截；两颖披针形，近相等，具3脉，长2.0～3.0 mm，顶端尖或具细短尖头，脊微粗糙，边缘与顶端有狭膜质；外稃长圆形，草黄色、褐色或带紫色，长2.6～3.2 mm，宽约1.0 mm，顶端钝而具狭膜质，脊上部粗糙，下部与边脉基部有少量柔毛或近无毛，具5脉，基盘有少量绵毛至无毛；内稃约等长于外稃，脊上粗糙。颖果纺锤形，红棕色，有光泽，具3棱，长约1.6 mm，宽约0.8 mm；顶端具茸毛；脐圆形，黑紫色；腹面扁平或稍凹；胚椭圆形，突起，长占颖果的1/5～1/4。

加拿大早熟禾双粒种子图片

加拿大早熟禾多粒种子图片

冷地早熟禾 *Poa crymophila* Keng

【科】禾本科

【属】早熟禾属

【生长特征】多年生草本。秆丛生，直立或有时基部稍膝曲，顶节位于秆下部约 1/8 处，紧接花序下微粗糙。叶鞘平滑，基部者紫红色；叶舌膜质；叶片条形，质较硬，内卷或对折，先端渐尖，下面平滑，上面微粗糙。

【地理分布】分布于我国青海、西藏、四川和新疆等地，为我国特产；印度有少量分布。生长于山坡、草甸、草地及河滩湿地等。

【种子形态】小穗紫色或灰绿色，长 3.0 ～ 4.0 mm，穗轴无毛；颖披针形至卵状披针形，顶端渐尖，脊上粗糙，具 3 脉，第一颖长 1.5 ～ 3.0 mm，第二颖长 2.0 ～ 3.5 mm；外稃长圆形，稍带膜质，顶端尖，具 5 脉，间脉不明显，脊与边脉基部被短毛至无毛，基盘无毛或有稀少绵毛；内稃与外稃等长或稍短，两脊上部微粗糙。颖果纺锤形，淡棕色；表面有纵皱纹，具 3 棱；顶端具白色茸毛，基部急尖；胚淡褐色，略突出。

冷地早熟禾双粒种子图片　　冷地早熟禾多粒种子图片

林地早熟禾 *Poa nemoralis* L.

【科】禾本科

【属】早熟禾属

【生长特征】多年生草本。秆直立或铺散，具 3 ～ 5 节。叶鞘平滑或糙涩，稍短或稍长于其节间，基部者带紫色，顶生叶鞘近 2 倍短于其叶片；叶舌截圆或细裂；叶片扁平，柔软，边缘和两面平滑无毛。

【地理分布】分布于我国东北、西北和华北各地区；欧洲、俄罗斯、蒙古国、日本、朝鲜及北美有分布。生长于山坡、林地和路边等。

【种子形态】小穗披针形，长 4.0 ～ 5.0 mm，灰绿色；穗轴节间细长，具微毛；颖披针形，边缘膜质，顶端尖，具 3 脉，脊上部糙涩；外稃长圆状披针形，褐黄色或灰绿色，先端具膜质，间脉不明显，脊中部以下及边缘的下半部 1/3 具柔毛，基盘具少量绵毛，第一外稃长约 4.0 mm；内稃比外稃稍短，脊上粗糙。颖果纺锤形，棕色，顶端具茸毛；脐不明显；胚椭圆形，凸起，长约占颖果的 1/5，色浅于颖果。

林地早熟禾双粒种子图片

林地早熟禾多粒种子图片

草地早熟禾 *Poa pratensis* L.

【别名】六月禾

【科】禾本科

【属】早熟禾属

【生长特征】多年生草本。秆直立，单生或成疏丛，光滑，呈圆筒形，具 2 ～ 4 节；叶鞘平滑或糙涩，具纵条纹，长于其节间，并较其叶片为长；叶舌膜质，先端截平；叶片线形，扁平或内卷，先端渐尖，光滑，边缘与上面微粗糙。

【地理分布】分布于我国东北三省、内蒙古、河北、山西、山东和甘肃等地；原产于欧亚大陆、中亚细亚，北温带冷凉湿润地区有分布。生长于山坡、路边及草地等。

【种子形态】小穗草黄色，长 4.0 ～ 6.0 mm，两侧扁；穗轴节间较短，先端稍膨大，具柔毛；颖卵状披针形，质薄，先端尖，光滑或脊上粗糙，第一颖长 2.5 ～ 3.0 mm，具 1 脉，第二颖长 3.0 ～ 4.0 mm，具 3 脉；外稃纸质，卵状披针形，草黄色或带紫色，顶端及边缘膜质，具 5 脉，中脉成脊，脊及边脉的中部以上具长柔毛，基盘具稠密的白色柔毛；内稃等长或稍短于外稃，具 2 脉，成脊，脊粗糙或具短纤毛。颖果纺锤形，红棕色，具 3 棱，长 1.0 ～ 2.0 mm，宽 0.4 ～ 0.6 mm，无光泽，顶端具茸毛；腹面具沟，呈小舟形；脐不明显；胚椭圆形或近圆形，突起，长约占颖果的近 1/4，色浅于颖果。

草地早熟禾双粒种子图片　　草地早熟禾多粒种子图片

113 普通早熟禾 *Poa trivialis* L.

【科】禾本科

【属】早熟禾属

【生长特征】多年生草本。秆丛生，基部倾卧地面或着土生根而具匍匐茎，具 3 ～ 4 节。叶鞘糙涩，顶生叶鞘约等长于其叶片；叶舌薄膜质，长圆形；叶片扁平，先端锐尖，两面粗糙。

【地理分布】分布于我国内蒙古、河北、新疆、江苏、江西和四川等地；欧美各国、俄罗斯西伯利亚、中亚、小亚细亚、伊朗和日本均有分布。生长于山坡、草地及林下等。

【种子形态】小穗草黄色、褐黄色或紫褐色，长 2.5 ～ 4.0 mm，宽约 1.5 mm，两侧扁；穗轴节间较长，无毛；具两颖，颖片披针形，质薄，第一颖具 1 脉，第二颖具 3 脉；外稃披针形，草黄色或带紫色，先端略为膜质，具 5 脉，中脉成脊，脊下部具柔毛，脉间无毛，基盘有绵毛；内稃等长或稍短于外稃，具 2 脉，脊上有短刺毛。颖果纺锤形，红褐色，长约 1.0 mm，宽约 0.3 mm，顶端具茸毛；脐不明显；腹面稍凹陷；胚卵形，长约占颖果的 1/5，色同颖果。

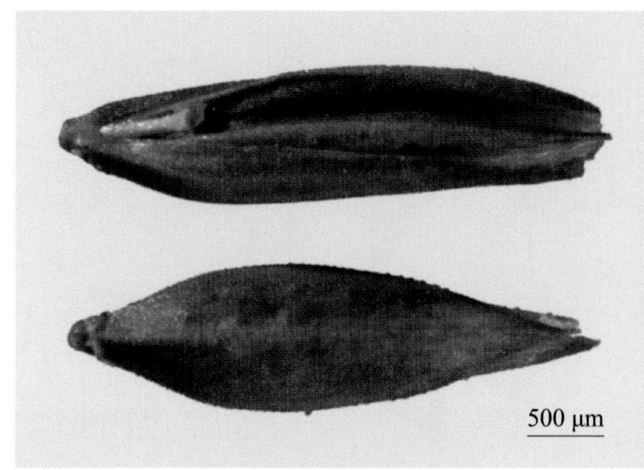

普通早熟禾双粒种子图片

普通早熟禾多粒种子图片

萹蓄 *Polygonum aviculare* L.

【别名】扁竹、乌蓼、粉节草

【科】蓼科

【属】萹蓄属

【生长特征】一年生草本。茎丛生、平卧、斜展或直立，自基部多分枝，具纵棱。叶矩圆形或披针形，顶端钝圆或急尖，基部楔形，全缘；叶柄短或近无柄，基部具关节；托叶鞘膜质，下部褐色，上部白色透明，有不明显脉纹。

【地理分布】分布于全国各地；欧、亚、美三大洲温带有分布。生长于田边、路旁、沟边、湿地等。

【种子形态】瘦果三棱状卵形，棕褐色或棕黑色，长 2.2 ～ 3.0 mm，宽 1.2 ～ 2.0 mm，略有光泽，呈微颗粒状粗糙；顶端渐尖，棱角钝，3 个棱面密度不等长，横剖面呈不等边三角形，果体被宿存花被所包，顶端微露出；果脐三角形，位于果实基部。种子与果实同形；种皮膜质，鲜红色，内含丰富的粉质胚乳；胚黄色，棒状，弯生成半环形，位于种子两侧边的夹角内。

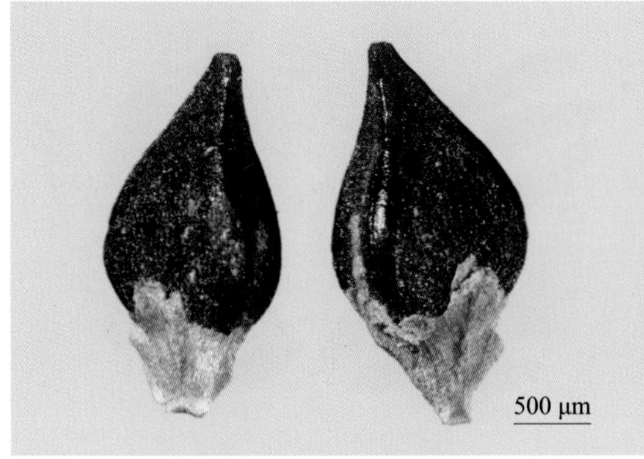

萹蓄双粒种子图片

萹蓄多粒种子图片

115 酸模叶蓼 *Polygonum lapathifolium* L.

【别名】大马蓼、旱苗蓼、蓼吊子、夏蓼

【科】蓼科

【属】蓼属

【生长特征】一年生草本。茎直立，具分枝，无毛，节部膨大。叶互生，披针形或宽披针形，顶端渐尖或锐尖，基部楔形，全缘，上面绿色，下面沿主脉及叶缘有伏生的粗硬毛；叶柄短，具短硬伏毛；托叶鞘筒状，膜质，淡褐色。

【地理分布】分布于我国南北各地；欧亚大陆温带地区有分布。生长于田边、路旁、水边、荒地或沟边湿地等。

【种子形态】瘦果宽卵形，暗红褐色至红褐色，长 2.0 ~ 3.0 mm，宽约 2.5 mm；顶端具短尖头，两侧扁，中央微凹，基部圆形；果皮表面呈颗粒状粗糙或近平滑，略具光泽；果脐红褐色，圆环状，位于种子基部。种子与果实同形，长约 2.7 mm，宽约 2.5 mm，种皮膜质，呈浅橘红色；胚沿种子内侧夹角弯生。

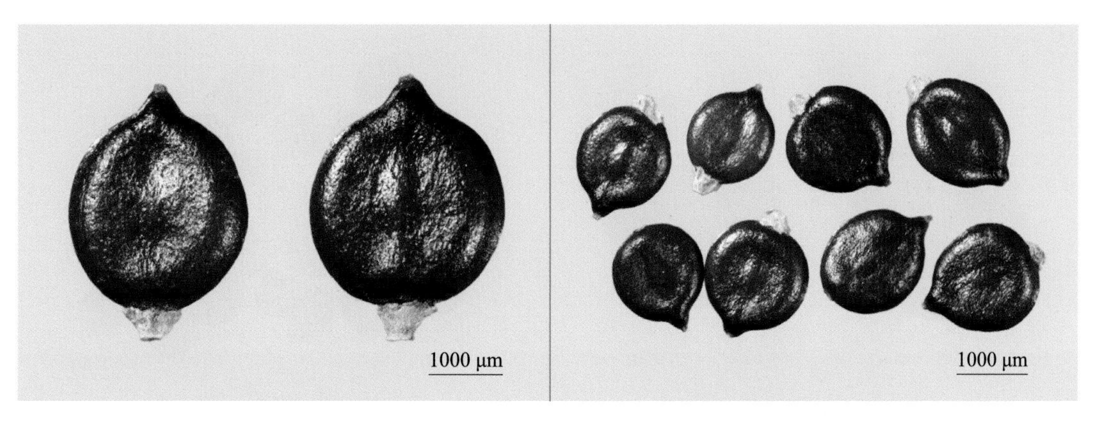

酸模叶蓼双粒种子图片　　酸模叶蓼多粒种子图片

马齿苋 *Portulaca oleracea* L.

【别名】马苋菜、蚂蚱菜、马齿菜、瓜子菜

【科】马齿苋科

【属】马齿苋属

【生长特征】一年生肉质草本。茎匍匐，淡绿色或带暗红色。叶互生，有时近对生，叶片扁平，肥厚，倒卵形，似马齿状，顶端圆钝或平截，有时微凹，基部楔形，全缘，上面暗绿色，下面淡绿色或带暗红色，中脉微隆起。

【地理分布】分布于我国南北各地；全球温带和热带地区有分布。生长于菜园、农田及路旁等，为田间常见杂草。

【种子形态】种子倒卵形，略呈肾形，黑褐色，两侧扁，长 0.6 ～ 0.9 mm，宽 0.4 ～ 0.6 mm，稍有光泽；表面具极细微的颗粒突起，呈近同心圆状排列；背部中间有 1 或 2 列瘤状突起；顶端钝圆而厚，基部窄呈锥形；种脐圆形，其上覆盖着黄白色蝶翅状的脐膜，种皮质硬而脆，内含一环状胚，围绕着粉质胚乳。

马齿苋双粒种子图片

马齿苋多粒种子图片

委陵菜 *Potentilla chinensis* Ser.

【别名】翻白菜、老鸦翎、白头翁

【科】蔷薇科

【属】委陵菜属

【生长特征】多年生草本。茎直立或斜升，被稀疏短柔毛及白色绢状长柔毛。奇数羽状复叶；基生叶丛生，有小叶 11 ～ 25，狭长椭圆形或椭圆形，羽状中裂或深裂，裂片三角状披针形，下面密被灰白色毡毛及柔毛；茎生叶与基生叶相似。

【地理分布】分布于我国东北、华北、西北和西南等地；日本、朝鲜、蒙古国及俄罗斯有分布。生长于山坡、路旁及沟边等。

【种子形态】瘦果耳状至卵形，紫褐色，长 1.0 ～ 1.1 mm，宽 0.7 ～ 0.9 mm，两侧稍扁，背部拱圆，腹部突出；表面具指纹状纹，粗糙，稍有光泽；果脐阔椭圆形或阔卵形，周围疏生白色绢毛，位于果实腹部中下方；果皮木质化，内含 1 粒种子；种皮膜质，内无胚乳；胚直生。

委陵菜双粒种子图片

委陵菜多粒种子图片

新麦草 *Psathyrostachys juncea* (Fisch.) Nevski

【别名】俄罗斯野黑麦、灯心草状披碱草

【科】禾本科

【属】新麦草属

【生长特征】多年生草本。秆直立，光滑无毛，基部残留枯黄色、纤维状叶鞘。叶鞘短于节间，光滑无毛；叶舌膜质，顶部不规则撕裂；叶耳膜质；叶片深绿色，扁平或边缘内卷，上下两面均粗糙。

【地理分布】分布于我国新疆、内蒙古以及西藏等地；蒙古国、美国、加拿大和俄罗斯有分布。生长于山地、草原等。

【种子形态】小穗淡绿色，长 8.0 ～ 11.0 mm，成熟后变黄或棕色，穗轴侧棱有纤毛；颖锥形，长 4.0 ～ 7.0 mm，具 1 不明显的脉，被短毛；外稃披针形，被短硬毛或柔毛，具 5 ～ 7 脉，顶端渐尖成 1.0 ～ 2.0 mm 的芒；内稃稍短于外稃，脊上具纤毛，两脊间被微毛。颖果长约 10.0 mm，宽约 1.0 mm，顶端有长茸毛。

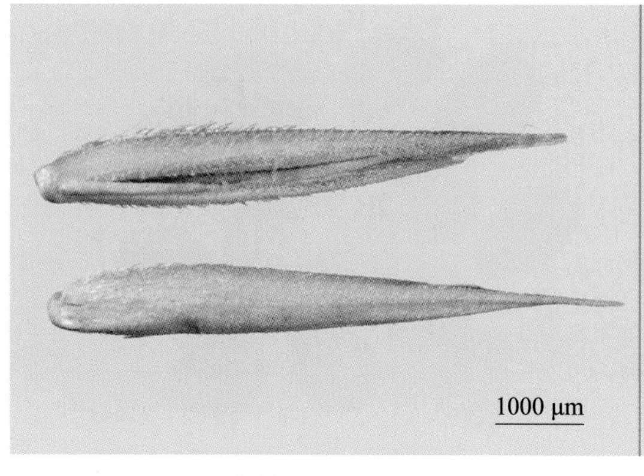

新麦草双粒种子图片

新麦草多粒种子图片

119 碱茅 *Puccinellia distans* (L.) Parl.

【科】禾本科

【属】碱茅属

【生长特征】多年生草本。秆直立，丛生或基部偃卧，具2～3节，常压扁。叶鞘长于节间，平滑无毛；叶舌截平或齿裂；叶片线形，扁平或对折，微粗糙或下面平滑。

【地理分布】分布于我国东北三省、内蒙古、河北、山东、江苏、青海和新疆等地；欧洲、亚洲、非洲西北部及北美等有分布。生长于草地、田边、水溪、河谷及沙地等。

【种子形态】小穗稍带紫色或紫色，长4.0～6.0 mm；穗轴节间平滑无毛，长约0.5 mm；颖质薄，顶端钝，具细齿裂，第一颖具1脉，第二颖具3脉；外稃具不明显5脉，顶端截平或钝圆，与边缘均有不整齐细齿，基部具短柔毛；内稃等长或稍长于外稃，脊上粗糙。颖果黄褐色，纺锤形，有淡黄色种脊，脊粗糙。

碱茅双粒种子图片　　碱茅多粒种子图片

星星草 *Puccinellia tenuiflora* Turcz.

【别名】小花碱茅

【科】禾本科

【属】碱茅属

【生长特征】多年生草本。秆直立、丛生或基部弯曲，具 3 ～ 4 节，顶节位于下部 1/3 处。叶鞘短于其节间，平滑无毛；叶舌膜质，钝圆；叶片条形，对折或稍内卷，上面微粗糙。

【地理分布】分布于我国东北三省、内蒙古、河北、山西、甘肃、青海和新疆等地，西藏有少量分布；欧洲、亚洲温带地区有分布。生长于湿地、沙滩、沟旁及草地等。

【种子形态】小穗带紫色，长约 3.0 mm ；小穗轴节间长约 0.6 mm ；颖质地较薄，边缘具纤毛状细齿裂，第一颖长约 0.6 mm，具 1 脉，顶端尖，第二颖长约 1.2 mm，具 3 脉，顶端稍钝；外稃具不明显 5 脉，顶端钝，无芒，基部无毛；内稃与外稃等长，平滑，无毛或脊上有数个小刺；颖果金黄色，纺锤形，有淡黄色种脊，脊粗糙。

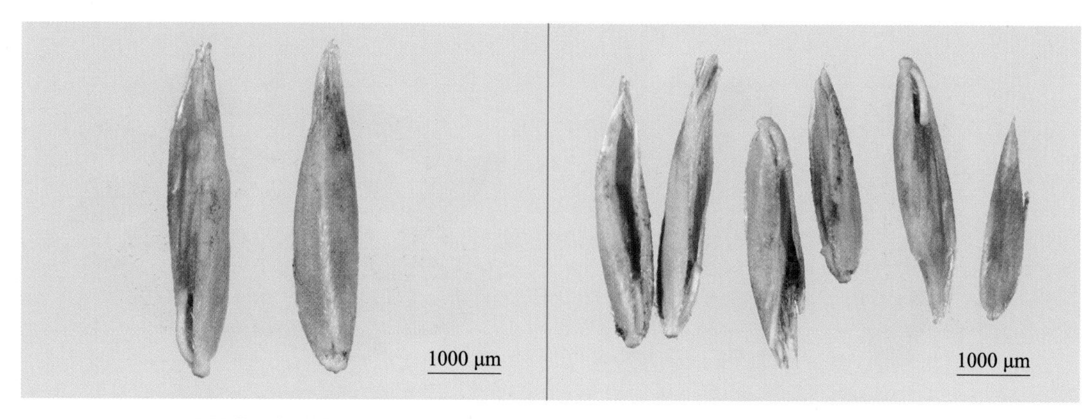

星星草双粒种子图片　　星星草多粒种子图片

121 酸模 *Rumex acetosa* L.

【别名】酸溜溜、山大黄、山羊蹄、牛舌头

【科】蓼科

【属】酸模属

【生长特征】多年生草本。茎直立，具深沟槽，通常单生。单叶互生，基生叶有长柄，茎生叶无柄；叶片矩圆形，先端钝或尖，基部箭形，全缘或有时略呈波状；托叶鞘膜质，斜形。

【地理分布】分布于我国南北各地；亚洲北部和东部其他地区、欧洲及美洲有分布。生长于山坡、草地、沟边及路旁等。

【种子形态】瘦果三棱状宽椭圆形，红褐色至黑褐色，长 1.7 ～ 2.0 mm，宽 1.0 ～ 1.2 mm，顶端渐尖，棱锐，具微翅，基部较宽；表面光滑，有光泽；果脐稍突出。种子与瘦果同形；种皮膜质，内含丰富的白色粉质胚乳；胚位于种子内的一侧边缘中部。

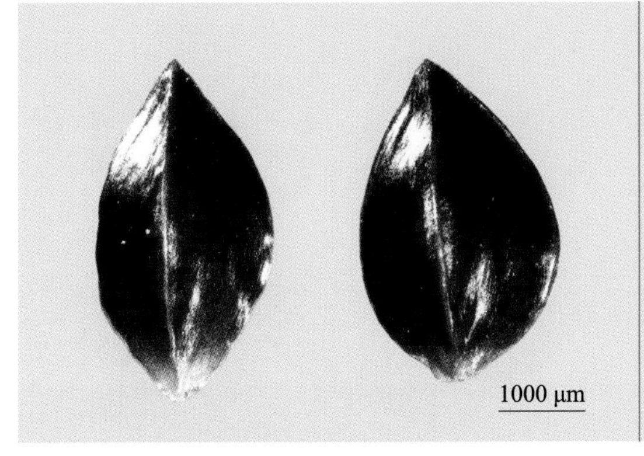

酸模双粒种子图片

酸模多粒种子图片

地榆 *Sanguisorba officinalis* L.

【别名】黄爪香、玉札、山红枣

【科】蔷薇科

【属】地榆属

【生长特征】多年生草本。茎直立，上部多分枝，无毛或基部有稀疏腺毛。奇数羽状复叶，有小叶 5 ～ 15 枚，矩圆状卵形至椭圆形，先端锐尖或钝，基部近心形或近截形，边缘有尖圆牙齿。

【地理分布】分布于我国东北、华北、西北、华中和西南等地区；欧亚大陆和北美有分布。生长于山坡、草地及林地等。

【种子形态】瘦果四棱状倒卵形，暗褐色或黑褐色，长 2.6 ～ 3.0 mm，宽 1.4 ～ 1.7 mm；表面具黑色斑纹，粗糙发皱，无光泽，疏被白毛，4 棱各具 1 翼，顶端具针头状喙。种子椭圆形或卵形，长 2.0 ～ 2.3 mm，宽 1.2 ～ 1.4 mm，浅棕色，顶端平，基部尖；种脐在基部，浅黄色。

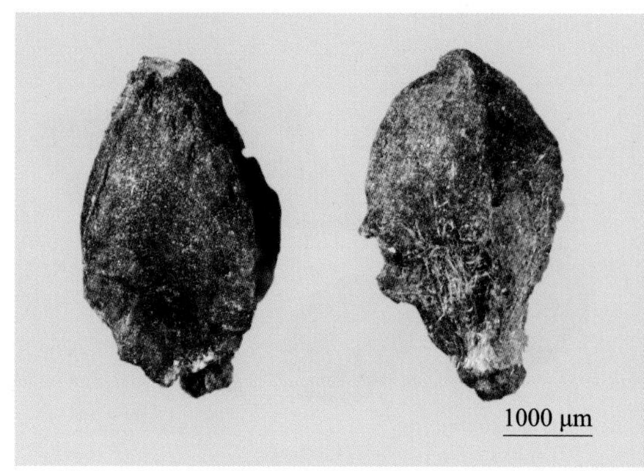

地榆双粒种子图片

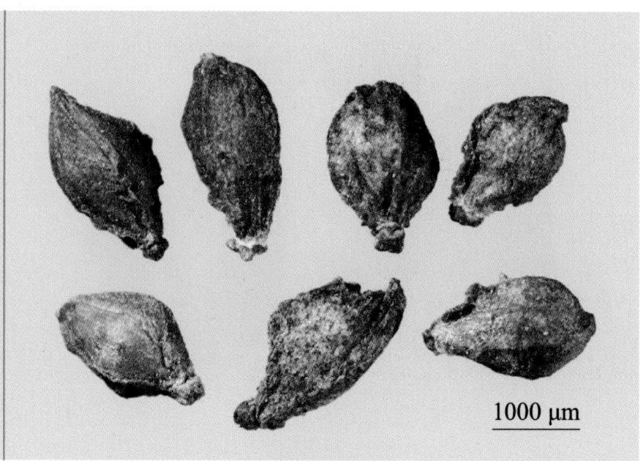

地榆多粒种子图片

黑麦 *Secale cereale* L.

【科】禾本科

【属】黑麦草属

【生长特征】一年生或越年生草本。秆直立，丛生，具5～6节，于花序下部密生细毛。叶鞘常无毛或被白粉；叶舌近膜质，顶端具细裂齿；叶片扁平，下面平滑，上面边缘粗糙。

【地理分布】分布于我国黑龙江、内蒙古、青海和西藏等北方山区或较寒冷地区；北欧、北非是主要产区。

【种子形态】小穗长约15.0 mm（除芒外），单生长于穗轴各节，无芒或具短芒；穗轴节间长2.0～4.0 mm，具柔毛；两颖几乎相等，长约10.0 mm，宽约1.5 mm，具膜质边，背部沿中脉成脊，常具细刺毛；外稃淡黄色或黄色，长12.0～15.0 mm，披针形，顶端具3.0～5.0 cm的长芒，具5条脉纹，沿背部两侧脉上具细刺毛，并具内褶膜质边；内稃近等长于外稃。颖果淡褐色至深褐色，长圆形，长约8.0 mm，先端具毛，腹面凹并具纵沟。胚卵形，长占颖果的1/5～1/4，不明显，色同颖果。

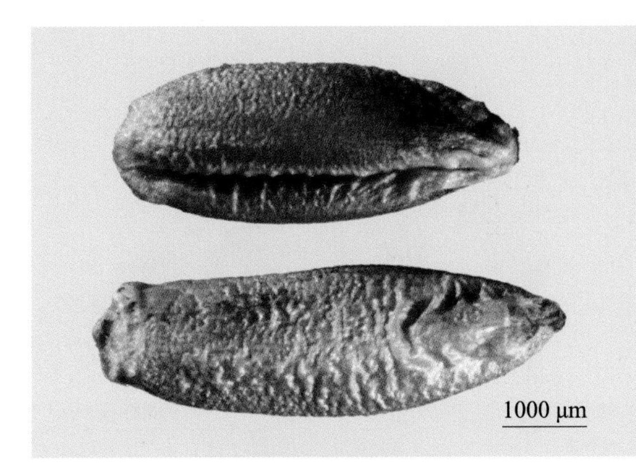

黑麦双粒种子图片

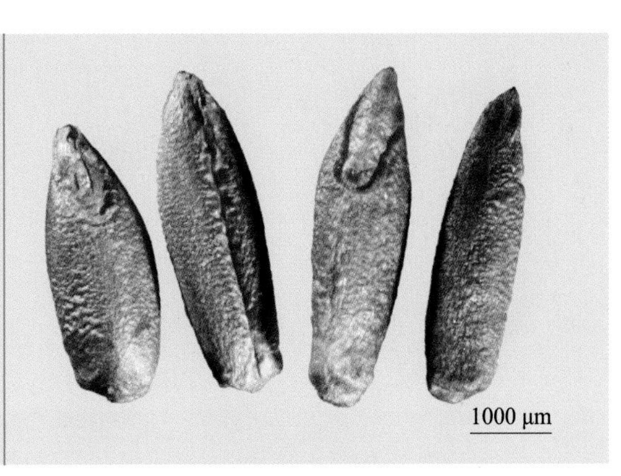

黑麦多粒种子图片

124 粟 *Setaria italica* (L.) Beauv.

【别名】谷子、小米、黄粟

【科】禾本科

【属】狗尾草属

【生长特征】一年生草本。秆直立，粗壮。叶鞘松裹茎秆，密具疣毛或无毛，毛以近边缘及与叶片交接处的背面毛为密，边缘具密纤毛；叶舌为一圈纤毛；叶片长披针形或线状披针形，顶端尖，基部钝圆，上面粗糙，下面稍光滑。

【地理分布】我国黄河中上游为主要栽培区，其他地区有少量栽培；欧亚大陆的温带和热带广泛栽培。

【种子形态】小穗椭圆形或近圆球形，长 2.0 ～ 3.0 mm，黄色、橘红色或紫色；第一颖具 3 脉；第二颖具 5 ～ 9 脉，先端钝；第一外稃具 5 ～ 7 脉，其内稃薄纸质，披针形；第二外稃卵圆形或圆球形，质坚硬，平滑或具细点状皱纹。颖果近球形，成熟后稃壳呈白色、黄色、红色、杏黄色、褐黄色或黑色；包在内外稃中的籽实俗称谷子，去稃壳后称为小米。

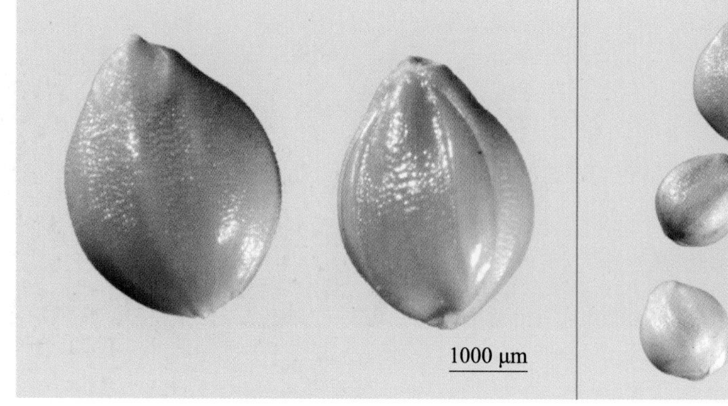

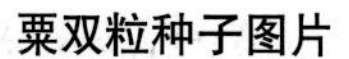

粟双粒种子图片

粟多粒种子图片

125 非洲狗尾草 *Setaria sphacelata* Stapf & C. E. Hubb.

【别名】南非鸽草

【科】禾本科

【属】狗尾草属

【生长特征】多年生草本。茎光滑，具 6 ～ 8 节。基部叶鞘呈浅绿色或淡紫红色，部分类型叶鞘有稀疏的长硬毛，压扁；叶黄绿色或灰绿色，叶片光滑无毛，质地柔软。

【地理分布】原产于热带非洲，分布于全球热带和亚热带地区。

【种子形态】小穗椭圆形，浅绿色，长 2.0 ～ 2.5 mm，顶端钝；第一颖卵形，长约为小穗的 1/3，具 3 脉；第二颖椭圆形，与小穗约等长，具 5 ～ 7 脉；第一外稃与小穗等长，顶端钝，其内稃狭窄短小，具 5 ～ 7 脉；第二外稃椭圆形，边缘内卷，具细点状皱纹。颖果灰白色，长圆形，顶端钝，有细点状皱纹。

非洲狗尾草双粒种子图片

非洲狗尾草多粒种子图片

126 串叶松香草 *Silphium perfoliatum* L.

【科】菊科

【属】松香草属

【生长特征】多年生草本。茎直立，四棱，呈方形或菱形，实心，上部分枝。叶长椭圆形，色深绿；叶面皱缩，稍粗糙；叶缘有缺刻，呈锯齿状；叶面及叶缘有稀疏的毛；基生叶有柄，茎生叶无柄。

【地理分布】我国各地均有栽培，分布比较集中的有广西、江西、陕西、山西、吉林、黑龙江、新疆和甘肃等地；原产于北美草原地带，美国东部、中西部和南部山区有分布。

【种子形态】瘦果倒卵形，极扁，边缘翅状并向腹面弯曲，长 10.0 ～ 13.0 mm，宽 7.0 ～ 8.0 mm；表面灰褐色，粗糙无光泽；顶端中间有“U”字形缺口，腹面具一纵棱，基部圆形，有一黄白色细短柄，易折断。种子为心脏形瘦果，褐色，扁平，边缘有似榆钱薄翅；种脐圆形，位于基部；胚直生；无胚乳。

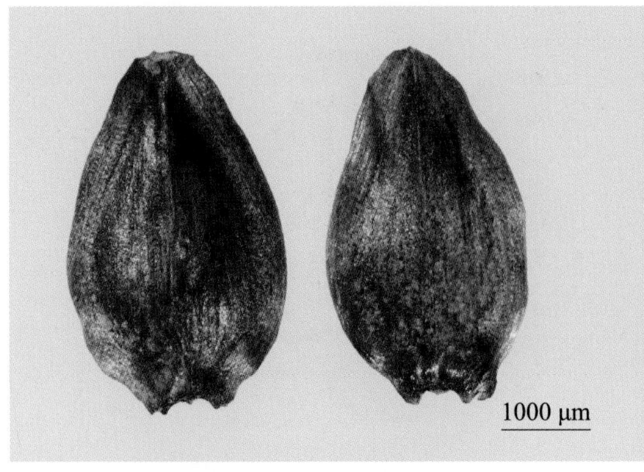

串叶松香草双粒种子图片

串叶松香草多粒种子图片

127 高粱 *Sorghum bicolor* (L.) Moench

【别名】蜀黍

【科】禾本科

【属】高粱属

【生长特征】一年生草本。秆较粗壮，直立。叶鞘无毛或稍有白粉；叶舌硬膜质，先端圆，边缘有纤毛；叶片线形至线状披针形，表面暗绿色，背面淡绿色或有白粉，先端渐尖，基部圆或微呈耳形，两面无毛，边缘软骨质，具微细小刺毛。

【地理分布】分布于我国南北各地。全球热带、亚热带和温带地区有分布。

【种子形态】无柄小穗倒卵形或倒卵状椭圆形，长 4.5 ～ 6.0 mm，宽 3.5 ～ 4.5 mm，基盘纯，有髯毛；两颖均革质，上部及边缘通常具毛；第一颖背部圆凸，上部 1/3 质地较薄，边缘内折而具狭翼，向下变硬而有光泽，具 12 ～ 16 脉，仅达中部，有横脉，顶端尖或具 3 小齿；第二颖 7 ～ 9 脉，背部圆凸，近顶端具不明显的脊，略呈舟形，边缘有细毛；外稃透明膜质，第一外稃披针形，边缘有长纤毛；第二外稃披针形至长椭圆形，具 2 ～ 4 脉，顶端两裂，自裂齿间伸出长约 14.0 mm 的芒。有柄小穗线形至披针形，褐色至暗红棕色，长 3.0 ～ 5.0 mm ；第一颖 9 ～ 12 脉，第二颖 7 ～ 10 脉。颖果两面平凸，淡红色至红棕色，长 3.5 ～ 4.0 mm，宽 2.5 ～ 3.0 mm，顶端微外露。种子表面光滑，有光泽。

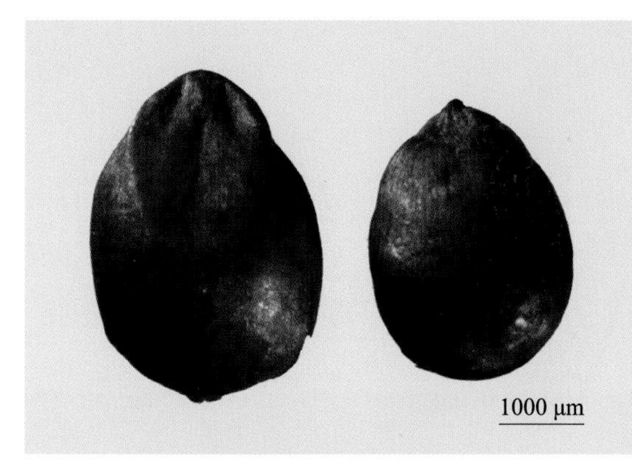

高粱双粒种子图片

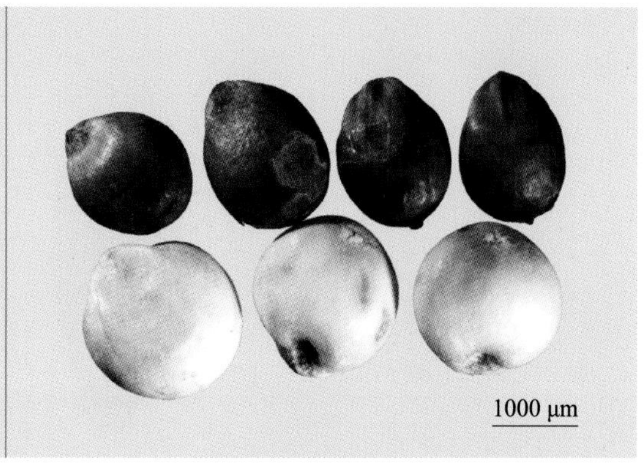

高粱多粒种子图片

128 石茅高粱 *Sorghum halepense* (L.) Pers.

【别名】亚刺伯高粱、琼生草、詹森草

【科】禾本科

【属】高粱属

【生长特征】多年生草本。秆不分枝或有时自基部分枝。叶鞘无毛，或基部节上微有柔毛；叶舌硬膜质，顶端近截平，无毛；叶片线形至线状披针形，中部最宽，先端渐尖细，中部以下渐狭，两面无毛，中脉灰绿色，边缘软骨质，通常具微细小刺齿。

【地理分布】分布于我国广东、四川及台湾等地；地中海沿岸各国及西非、印度和斯里兰卡等地有分布。生长于山谷、河边、荒野或耕地中。

【种子形态】小穗孪生，穗轴顶节为三枚共生，有柄者为雄性或中性；穗轴节间及小穗柄线形，两侧具纤毛。无柄小穗卵状披针形，黄褐色至紫褐色，长 4.8 ～ 5.2 mm，宽 2.6 ～ 3.0 mm，基盘钝，被短柔毛；颖革质，具光泽，基部、边缘及顶部 1/3 具纤毛；第一颖上部具 2 脊，脊上具短纤毛；第二颖上部具 1 脊，无毛；稃薄膜质，透明，稍短于小穗；第二外稃顶端 2 裂，芒自裂齿间伸出，膝曲扭转，芒长 9.0 ～ 15.0 mm。有柄小穗披针形，稍长于无柄小穗。颖果倒卵形，长 2.6 ～ 3.2 mm，宽 1.5 ～ 1.8 mm，棕褐色；顶端钝圆，具宿存花柱；脐圆形，深紫褐色；腹面扁平；胚椭圆形或倒卵形，长占颖果的 1/2 ～ 2/3。

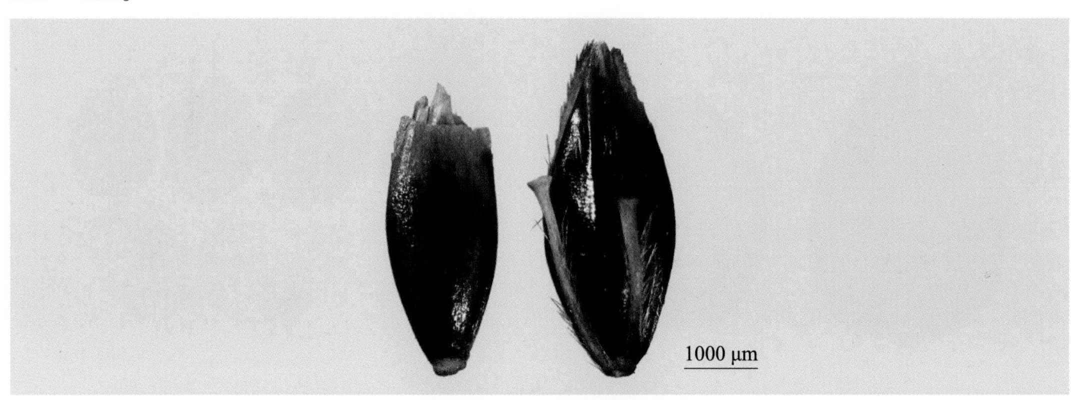

石茅高粱双粒种子图片

129 苏丹草 *Sorghum sudanense* (Piper) Stapf

【科】禾本科

【属】高粱属

【生长特征】一年生高大草本。秆较细，直立，单生或丛生，光滑无毛。叶鞘基部者长于节间，上部者短于节间，无毛；叶舌干膜质，先端钝圆，常撕裂；叶片宽条形，光滑，叶缘粗糙。

【地理分布】我国华北、东北和西北等地区广泛种植；原产于非洲的苏丹高原，美国、巴西、阿根廷、印度和俄罗斯有引种栽培。

【种子形态】小穗孪生，无柄小穗为两性，有柄小穗为雄性或中性；小穗柄及穗轴节间线形，具纤毛。无柄小穗紫黑色或黄褐色，椭圆形，背腹扁，具两颖，颖革质，黄褐色、红褐色至紫黑色，有光泽，第一颖具 2 脊，脊上有短毛；第二颖具 1 脊，近脊的顶端有纤毛；稃薄膜质，透明，稍短于小穗；第二外稃顶端两裂，芒自裂齿间伸出；膝曲扭转，芒长 8.5 ～ 12.0 mm。有柄小穗披针形，等长或稍长于无柄小穗。颖果赤褐色，倒卵形，长 4.0 ～ 4.5 mm，宽 2.5 ～ 2.8 mm，顶端钝圆，基部稍尖。脐倒卵形，紫黑色；腹面扁平；胚近椭圆形，长占颖果的 1/2 ～ 2/3，色浅于颖果。

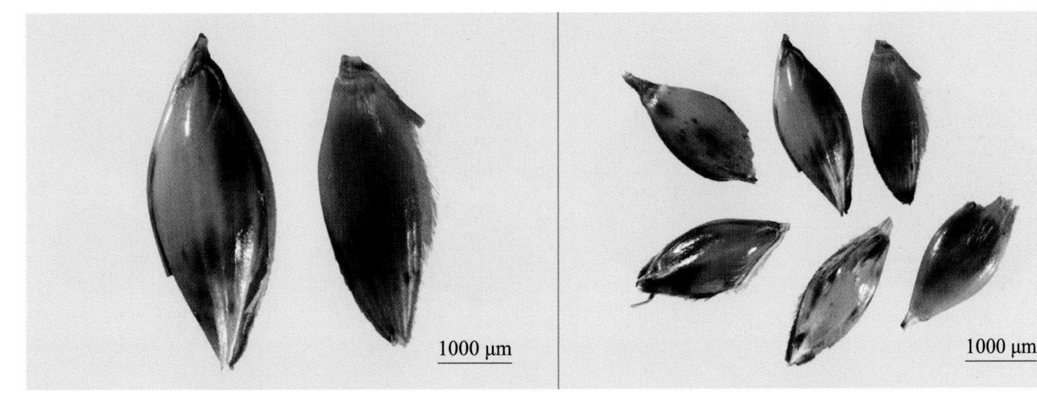

苏丹草双粒种子图片　　苏丹草多粒种子图片

繁缕 *Stellaria media* (L.) Cyrillus

【别名】鹅肠草、鹅耳伸筋、鸡儿肠

【科】石竹科

【属】繁缕属

【生长特征】一年生草本。茎直立或平卧，基部多分枝，常带淡紫红色。叶互生，宽卵形或卵形，顶端渐尖或急尖，基部渐狭或近心形，全缘；基生叶具长柄，上部叶常无柄或具短柄。

【地理分布】分布于全国（新疆、黑龙江未见记录）；世界各地均有分布。生长于田间、菜地、路旁等，为常见田间杂草。

【种子形态】种子卵圆形至近圆形，稍扁，具一明显的缺刻，两面略凸；长约 1.0 mm，宽约 0.8 mm；表面红褐色、深褐色或黑褐色，无光泽，密生极为明显的星状突起，同心圆状排列；背部小瘤稍大；种脐微小，在边缘缺刻处；胚弯曲成环状。

繁缕双粒种子图片　　繁缕多粒种子图片

131 圭亚那柱花草 *Stylosanthes guianensis* (Aubl.) Sw.

【别名】笔花豆、巴西苜蓿、热带苜蓿

【科】豆科

【属】笔花豆属

【生长特征】多年生丛生性草本。茎无毛或有疏柔毛，分枝多。托叶鞘状；具 3 小叶，小叶卵形，椭圆形或披针形，先端常急尖，基部楔形，无毛或被疏柔毛或刚毛，边缘有时具小刺状齿；无小托叶。

【地理分布】我国广东、广西、云南和福建等地有引种；原产于南美洲北部。

【种子形态】荚果具 1 荚节，卵形，长 2.0 ～ 3.0 mm，宽 1.8 mm，无毛或近顶端被短柔毛；表面具棱，连接两端，顶端具较小的喙，内弯，长 0.1 ～ 0.5 mm。种子灰褐色，扁椭圆形，光滑，有光泽；种脐黑色，孔状，位于种子腹面基端偏位；近种脐具喙或尖头，长 2.2 mm，宽 1.5 mm。

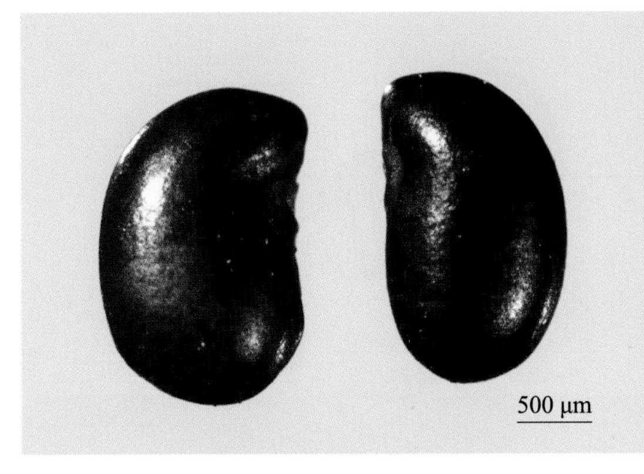

圭亚那柱花草双粒种子图片

圭亚那柱花草多粒种子图片

有钩柱花草 *Stylosanthes hamate* (L.) Taub.

【科】豆科

【属】笔花豆属

【生长特征】一年生或越年生草本。茎秆有白色的短绒毛。三出小叶，中间小叶叶柄较长；小叶披针形，浅绿或绿色。

【地理分布】主要分布于我国海南、广东和广西等地；西印度群岛、加勒比地区、美国南部和南美洲等地有分布。

【种子形态】荚果近矩形，灰褐色，长约 3.5 mm，宽约 2.0 mm，两侧扁，顶端一节有 3.0～5.0 mm 长环状小钩，下端节的钩不明显；表面具棱，有褶皱，无光泽。种子肾形，褐色，长约 2.5 mm，宽约 1.5 mm，表面光滑，有光泽；种脐黑色，孔状，位于基部；近种脐有喙或尖头。

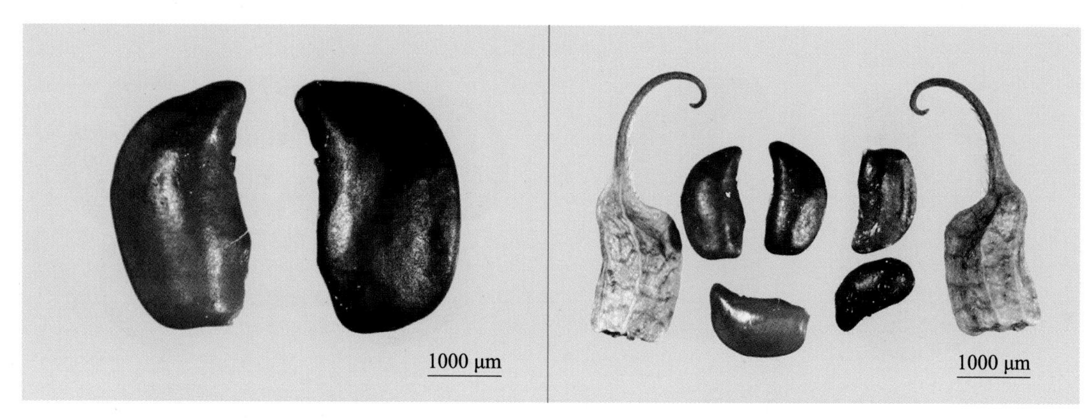

有钩柱花草双粒种子图片　　有钩柱花草多粒种子图片

133 矮柱花草 *Stylosanthes humilis* Kunth

【别名】汤斯维尔苜蓿

【科】豆科

【属】笔花豆属

【生长特征】一年生草本。茎细长。羽状三出复叶；小叶披针形，先端渐尖，基部楔形；托叶和叶柄上被疏柔毛。

【地理分布】我国广东、广西和福建等地引种栽培；原产于南美巴西、委内瑞拉、巴拿马和加勒比海岸等地，非洲、亚洲、大洋洲、北美洲及南美洲等热带地区有分布。

【种子形态】荚果稍呈镰形，黑色或灰色，长 2.0 ～ 3.0 mm，宽 1.8 mm，表面具棱连接两端，上有凸起网纹，先端具弯喙，无毛或近顶端被短柔毛。种子椭圆形，两侧扁，棕黄色或黑褐色，长 2.5 mm，宽 1.5 mm；表面光滑，有光泽，先端尖；种脐白色，孔状，位于种子腹面基端；近种脐具喙或尖头。

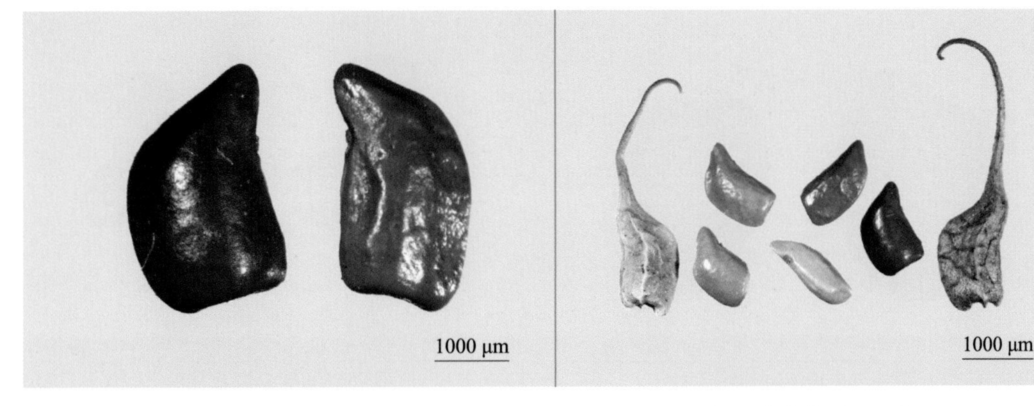

矮柱花草双粒种子图片　　矮柱花草多粒种子图片

草莓三叶草 *Trifolium fragiferum* L.

【别名】野苜蓿、草莓车轴草

【科】豆科

【属】车轴草属

【生长特征】多年生草本。茎平卧或匍匐，节上生根。三出复叶；小叶倒卵形或宽椭圆形，先端微凹，基部楔形，边缘具细齿，两面均无毛；小叶近无柄；托叶半膜质，卵状披针形。

【地理分布】我国东北、华北和西北等地区引种栽培，新疆有野生种；原产于欧洲、中亚，地中海沿岸地区有分布。生长于沼泽及水沟边等。

【种子形态】种子宽椭圆状心脏形或心脏形，长 1.5 ～ 2.0 mm，宽 1.2 ～ 1.7 mm，厚 0.6 ～ 0.8 mm ；胚根尖与子叶分开，长与子叶等长或超过，两者之间有一浅沟和黄色线；表面黄色或红褐色，具紫色花斑或不明显，具微细颗粒，近光滑；种脐圆形，浅褐色，凹入，位于种子基部，直径约0.12 mm，具脐沟；种瘤在种子基部偏向于胚根尖相反的一侧，距种脐 0.1 ～ 0.3 mm ；脐条条状；胚乳很薄。

草莓三叶草双粒种子图片

1000 μm

草莓三叶草多粒种子图片

135 杂三叶 *Trifolium hybridum* L.

【别名】杂车轴草、金花草、瑞典三叶草

【科】豆科

【属】车轴草属

【生长特征】多年生草本。茎多分枝，平卧或半匍匐，有毛或近无毛。掌状三出复叶；托叶斜卵形，先端长渐尖；叶柄在茎下部甚长，上部较短；小叶卵形或倒卵形，先端钝圆，基部宽楔形，边缘具细锯齿。

【地理分布】分布于我国东北、华北及南方高海拔地区；原产于瑞典，欧洲中北部、亚洲北部、北美及澳大利亚均有栽培。生长于湿润地、河旁及草地等。

【种子形态】种子阔卵形或心形，长 1.0 ～ 1.5 mm，宽 1.0 ～ 1.2 mm，厚 0.5 ～ 0.75 mm，略扁；胚根等长或稍短于子叶，胚根尖与子叶分开，两者之间有一与种皮同色的小沟；种皮暗黄绿色，掺杂暗绿色、紫色或近黑色的斑点或条纹，亦有种皮呈全灰黑色的；表面具微颗粒，近光滑，无光泽或略有光泽；种脐圆形，呈白色小环，其中心呈黑色小点，位于种子基部。种瘤位于种脐下边，距种脐 0.14 mm ；胚乳很薄。

杂三叶双粒种子图片　　杂三叶多粒种子图片

绛三叶 *Trifolium incarnatum* L.

【别名】猩红苜蓿、地中海三叶、绛车轴草

【科】豆科

【属】车轴草属

【生长特征】一年生或秋播越年生草本。茎直立，中空，多分枝。掌状三出复叶；托叶椭圆形，大部分与叶柄合生，每侧具 3 ～ 5 条脉纹，先端钝；小叶宽卵形至近圆形，先端圆形，有时微凹，基部阔楔形，边缘具波状钝齿。

【地理分布】我国吉林、辽宁、陕西、四川、江苏、浙江、福建、安徽和湖北等地有种植；原产于撒丁岛、巴利阿里群岛、北非阿尔及利亚和其他地中海附近的欧洲国家，欧洲中南部、阿根廷、美国和澳大利亚有分布。生长于田间、路旁及荒地等。

【种子形态】种子长椭圆形或倒卵形，长 1.8 ～ 3.0 mm，宽 1.2 ～ 2.3 mm，厚 0.8 ～ 1.8 mm，两侧略扁；胚根紧贴子叶，胚根尖不与子叶分开，两者之间界线不明，胚根长为子叶长的 1/2 ～ 2/3 ；表面红黄色或黄褐色，光滑，具亮光泽；种脐圆形，白色，位于种子中部以下；晕轮褐色，隆起；种瘤浅褐色，在种脐下方，稍隆起，距种脐 0.2 ～ 0.4 mm ；脐条浅褐色，隆起；胚乳很薄。

绛三叶双粒种子图片　　绛三叶多粒种子图片

红三叶 *Trifolium pratense* L.

【别名】红菽草、红车轴草、红荷兰翘摇

【科】豆科

【属】车轴草属

【生长特征】多年生草本。茎直立或斜升，具纵棱，有疏毛。叶互生，三出复叶；托叶近卵形，先端锐尖，具锥刺状尖头；小叶椭圆状卵形至宽椭圆形，先端钝圆，有时微凹，基部宽楔形，边缘具细齿，叶面上具灰白色“V”字形斑纹，下面有长柔毛。

【地理分布】分布于我国南北各地；原产于小亚细亚和西南欧，欧洲各国及俄罗斯、美国和新西兰等地广泛栽培。生长于路边、田间、山坡及林间草地等。

【种子形态】种子近三角形或阔卵形，长 1.5 ～ 2.5 mm，宽 1.0 ～ 2.0 mm，厚 0.7 ～ 1.3 mm，两侧扁；胚根尖突出呈鼻状，与子叶分开明显，长为子叶长的 1/2 ；上部种皮呈紫色或绿紫色，下部呈黄色或绿黄色；表面光滑，有光泽；种脐圆形，呈白色小环，中心褐色，周围有褐色晕环，位于种子中部以下；种瘤浅褐色，呈小突起，位于紧靠种脐边上，距种脐 0.5 ～ 0.7 mm ；胚乳很薄。

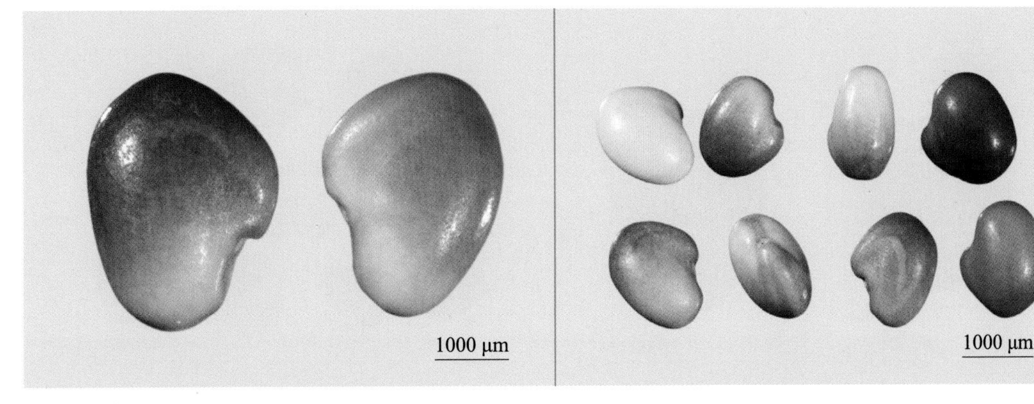

红三叶双粒种子图片　　红三叶多粒种子图片

白三叶 *Trifolium repens* L.

【别名】白车轴草、荷兰翘摇

【科】豆科

【属】车轴草属

【生长特征】多年生草本。茎匍匐，多节，无毛。叶互生，三出复叶；托叶椭圆形，基部抱茎，离生部分锐尖；小叶倒卵形至倒心形，先端凹或圆，基部楔形，边缘具细锯齿，叶面具“V”字形斑纹或无。

【地理分布】分布于我国华北、东北、华中、西南和华南等地区；原产于欧洲，亚洲、非洲、澳洲和美洲有分布。生长于草地、河边及路边等。

【种子形态】种子阔卵形，少为近三角形，长 1.2 ～ 1.5 mm，宽 0.8 ～ 1.3 mm，厚 0.4 ～ 0.9 mm，两侧扁；胚根粗，突出，等长或近等长于子叶，两者之间有一明显小沟，长约为子叶长的 2/3；种皮黄色、黄褐色或褐色；表面具细微颗粒，近光滑，有光泽；种脐褐色，圆形，凹陷，位于种子基部，其周围有一圈褐色晕环；种瘤浅褐色，位于紧靠种脐边上，距种脐 0.12 mm；脐条明显；胚乳很薄。

白三叶双粒种子图片

白三叶多粒种子图片

139 胡卢巴 *Trigonella foenum-graecum* L.

【别名】芸香、香草、嘉本草

【科】豆科

【属】胡卢巴属

【生长特征】一年生草本。茎直立，圆柱形，多分枝，微被柔毛。羽状三出复叶；托叶膜质，卵形，基部与叶柄相连，先端渐尖，被毛；小叶长倒卵形、卵形至长圆状披针形，先端钝，基部楔形，边缘具三角形尖齿，上面无毛，下面疏被柔毛，侧脉 5 ～ 6 对。

【地理分布】分布于我国南北各地；亚洲其他地区、欧洲南部有分布。生长于田间、路旁等。

【种子形态】荚果细圆柱形，先端尾状，直或稍弯，长 5.5 ～ 11.0 cm，径约 0.5 cm；果皮具明显的网状脉，网眼呈纺锤形或矩圆形，表面被疏毛。种子近菱状斜方形，棕褐色，长 4.5 ～ 6.0 mm，宽 3.0 ～ 3.5 mm，厚 2.0 mm，带棱角，两侧扁，凹凸不平，一端或两端平截；胚根粗，胚根尖不与子叶分开，长约为子叶长的 1/2 或以上，两者之间有一条深沟痕；种皮浅棕色或浅灰褐色；表面粗糙，具颗粒状瘤，无光泽；种脐圆形，白色或褐色，位于种子中部以下；种瘤褐色，在种脐下边，距种脐 0.9 mm，微突；有胚乳。

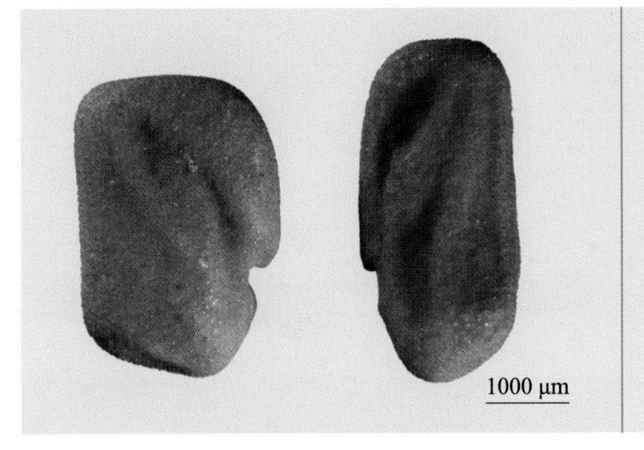

胡卢巴双粒种子图片

胡卢巴多粒种子图片

 马鞭草 *Verbena officinalis* L.

【别名】铁马鞭、马鞭子、蜻蜓草

【科】马鞭草科

【属】马鞭草属

【生长特征】多年生草本。茎四方形，近基部可为圆形，节和棱上有硬毛。叶片卵圆形至倒卵形或长圆状披针形；基生叶的边缘通常有粗锯齿和缺刻；茎生叶多数 3 深裂，裂片边缘有不整齐锯齿，两面均有硬毛，背面脉上尤多。

【地理分布】分布于我国南北各地；全球温带至热带地区均有分布。生长于路边、山坡、溪边或林旁等。

【种子形态】小坚果三棱状矩圆形，上下宽度几乎相等，下部边缘翅状，两端钝圆；长 1.5 ～ 2.0 mm，宽 0.5 ～ 0.8 mm ；背面红褐色，具 3 ～ 5 条细纵棱，在边缘和上端 1/3 处以上有数条小横棱，将纵棱连接起来，具小瘤；腹面由两个面构成一条纵脊，具稠密的虫卵状白色突起；粗糙，无光泽；果脐三角状圆形，白色或浅黄色，在腹面基端的中间，直径约 0.3 mm。

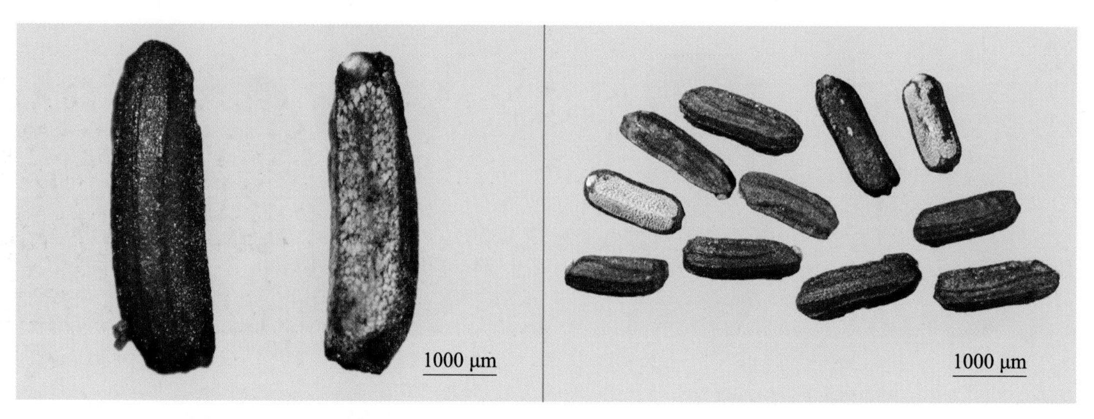

马鞭草双粒种子图片　　马鞭草多粒种子图片

山野豌豆 *Vicia amoena* Fisch.

【别名】落豆秧、山黑豆、透骨草

【科】豆科

【属】野豌豆属

【生长特征】多年生草本。茎攀缘或直立，具4棱，多分枝，细软。偶数羽状复叶，具小叶4～7对；托叶半箭头形，边缘有3～4裂齿；小叶椭圆形至长圆形；先端圆或微凹，基部圆形，全缘，上面绿色，下面灰绿色，两面疏生状柔毛或无毛。

【地理分布】分布于我国东北三省、内蒙古、甘肃、青海、山西、陕西、河北和山东等地；俄罗斯西伯利亚、朝鲜、日本及蒙古国亦有分布。生长于路旁、草甸、山坡及半湿草地等。

【种子形态】荚果长圆形，长18.0～28.0 mm，宽4.0～6.0 mm；两端渐尖，无毛。种子球形或矩圆形，长3.5～4.0 mm，宽和厚相等，2.5～3.0 mm；种皮革质，黄褐色或黄绿色，具黑色或灰绿黑色花斑，近光滑，无光泽；种脐线形，长3.0～3.8 mm，占种子圆周长的30%～40%，黄褐色或色更深，种柄宿存，为银白色，稍突出种子表面；种瘤在种脐相反的背面的中间或稍偏下至种子长度的1/3处；无胚乳。

山野豌豆双粒种子图片　　山野豌豆多粒种子图片

箭筈豌豆 *Vicia sativa* L.

【别名】大巢菜、野豌豆

【科】豆科

【属】野豌豆属

【生长特征】一年生草本。茎斜升或攀缘，有条棱，多分枝。羽状复叶，具小叶 8 ~ 16 枚，叶轴顶端具分支的卷须；托叶半边箭头形；小叶椭圆形、长圆形或倒卵形，先端截形凹入，基部楔形，全缘，侧脉不甚明显，两面疏生短柔毛。

【地理分布】分布于全国各地；原产于欧洲南部和亚洲西部。生长于荒山、田边草丛及林中等。

【种子形态】种子近圆球形或近凸透镜状，长 3.0 ~ 6.0 mm，宽 2.5 ~ 5.5 mm，厚 2.0 ~ 5.0 mm，因品种繁多，种皮颜色多变，一般为淡红褐色或绿褐色带黑色花斑，表皮光滑，略有光泽；种脐线形，浅黄色，约占种子圆周长的 20%，中间有一条灰白色脐沟，位于种子一端；脐边稍凹陷；种瘤黑色，丘状突起，位于种脐窄端下边，距种脐 0.5 ~ 1.0 mm；无胚乳。

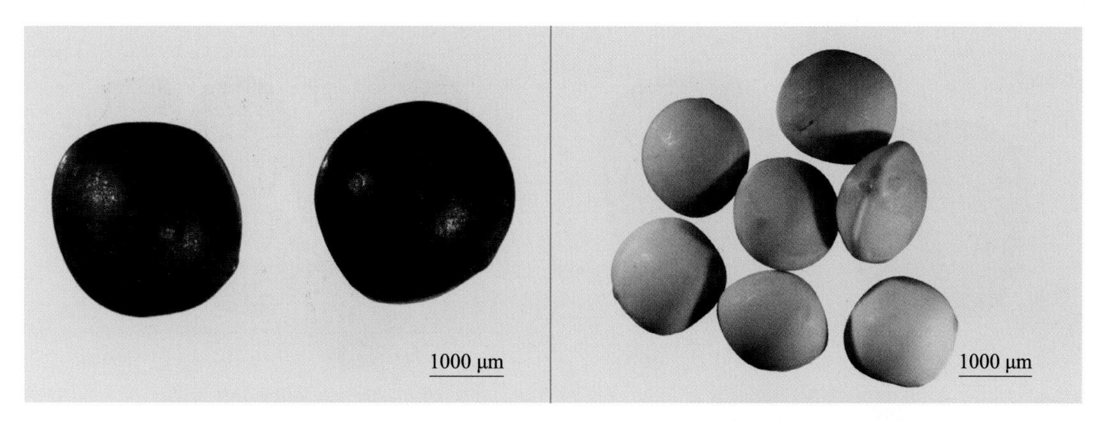

箭筈豌豆双粒种子图片　　箭筈豌豆多粒种子图片

143 歪头菜 *Vicia unijuga* R. Br.

【别名】对叶草藤、草豆

【科】豆科

【属】野豌豆属

【生长特征】多年生草本。茎直立，常丛生，具细棱，具柔毛，茎基部表皮红褐色或紫褐红色。偶数羽状复叶，小叶 1 对，叶轴末端成刺状；托叶半边箭头形；小叶卵形或近菱形，先端渐尖，边缘具小齿状，基部楔形或圆形，全缘，两面均疏被微柔毛。

【地理分布】分布于我国东北、华北、西北、华东及中南等地区；朝鲜、日本、俄罗斯和蒙古国等地有分布。生长于山地、林下、草地及沟边等。

【种子形态】荚果长圆形，扁，无毛，表皮棕黄色，近革质，两端渐尖，先端具喙。种子近球形至长椭圆形，长 2.8 ～ 3.0 mm，宽和厚均为 2.0 ～ 2.5 mm；种皮红褐色，革质，具黑色花斑；表面近光滑，无光泽；种脐线形，灰色或色深，突出于种子表面，种脐长，相当于种子周长 1/4 ；种瘤明显，在脊背上偏向子叶一端；无胚乳。

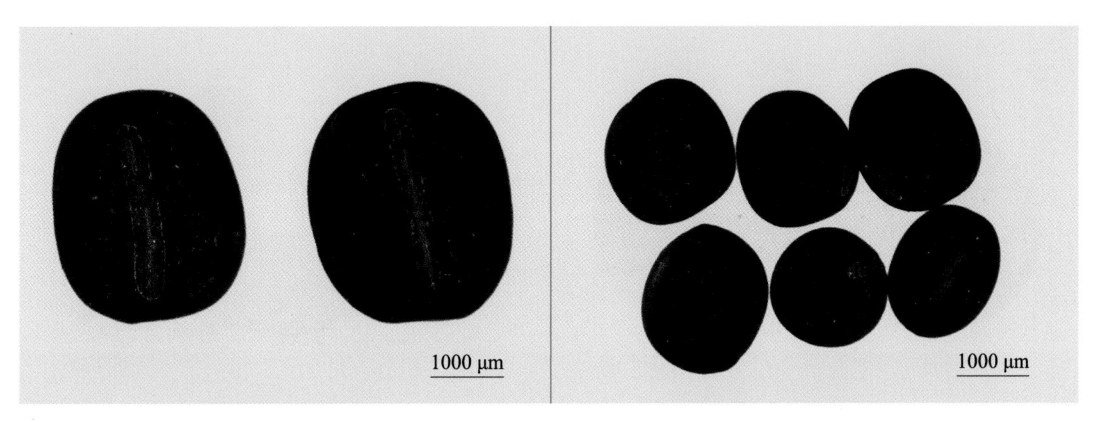

歪头菜双粒种子图片　　歪头菜多粒种子图片

144 毛叶苕子 *Vicia villosa* Roth

【别名】长柔毛野豌豆、冬苕子、毛野豌豆

【科】豆科

【属】野豌豆属

【生长特征】一年生或二年生草本。茎细长，攀缘，多分枝。偶数羽状复叶，通常具小叶 10 ～ 16，叶轴顶端卷须有 2 ～ 3 分支；托叶披针形或二深裂，呈半边箭头形；小叶长圆形、披针形至线形，先端钝，有细尖，基部圆形。

【地理分布】分布于我国东北和华北地区及江苏、安徽、河南、四川、陕西和甘肃等地；原产于欧洲北部，俄罗斯、德国和匈牙利等国栽培较广。生长于田间、路边及荒地等。

【种子形态】种子近球形，长 3.5 ～ 5.0 mm，宽 3.4 ～ 5.0 mm，厚 3.2 ～ 5.0 mm，稍扁；种皮黑褐色至近黑色，具褐色花斑；表面乌暗，近光滑，无光泽；种脐褐色，长椭圆形，长约 2.0 mm，宽 0.75 ～ 1.0 mm，长占种子圆周长的 12% ～ 15%，中间有一条灰白色脐沟，脐边凹陷；种瘤黑色，位于距种脐端 1.0 ～ 1.3 mm 处，呈小丘状突起；无胚乳。

毛叶苕子双粒种子图片　　毛叶苕子多粒种子图片

结缕草 *Zoysia japonica* Steud.

【别名】延地青、锥子草、虎皮草、拌根草、爬根草

【科】禾本科

【属】结缕草属

【生长特征】多年生草本。秆直立，基部常有宿存枯萎的叶鞘。叶舌纤毛状；叶片条状披针形，质地较硬，叶缘常内卷，表面疏生柔毛，背面近无毛。

【地理分布】分布于我国辽宁、河北、山东、江苏和浙江等地；日本、朝鲜有分布，北美引种栽培。生长于路旁、山坡及草地等。

【种子形态】小穗卵形，淡黄绿色或带紫褐色，长 2.5 ～ 3.5 mm，宽 1.0 ～ 1.5 mm；小穗柄通常弯曲，深黄褐色，稍透明，长可达 5.0 mm；第一颖退化，第二颖革质，顶端钝头或渐尖，无芒或仅具 1.0 mm 的尖头，两侧边缘在基部联合，具 1 脉，成脊；外稃膜质，长圆形；内稃通常退化；脐明显，色深于颖果，腹面不具沟；胚在一侧的角上，中间突起，长占颖果的 1/2 ～ 3/5。

结缕草双粒种子图片

结缕草多粒种子图片

观赏草及药用植物

蜀葵 *Alcea rosea* L.

【别名】一丈红、麻杆花、棋盘花

【科】锦葵科

【属】蜀葵属

【生长特征】二年生直立草本。茎枝密被刺毛。叶近圆心形，掌状 5 ～ 7 浅裂或波状棱角，裂片三角形或圆形，上面疏被星状柔毛，粗糙，下面被星状长硬毛或绒毛；叶柄被星状长硬毛；托叶卵形，先端具 3 尖。

【地理分布】全国各地广泛栽植，供园林观赏用，原产于我国西南地区；世界各国均有栽培。

【种子形态】种子圆状肾形，长约 3.0 mm，宽约 2.0 mm ；周缘有一条沟，表面灰色至褐色；具白点状颗粒。果实盘状，直径 7.0 ～ 8.0 mm，成熟时每个心皮自中轴分离；沿分果瓣的外缘有鸡冠状的边，其上有辐射状小棱；盘状果的周缘成一条沟，沟上覆以长毛；两面中部有一弯沟状的槽；槽上长有长毛。

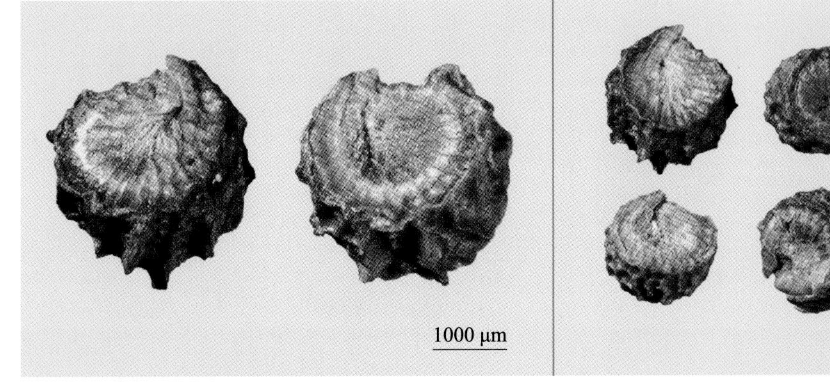

蜀葵双粒种子图片

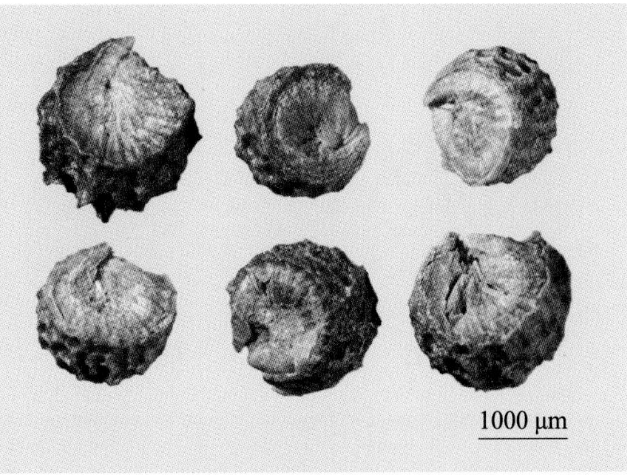

蜀葵多粒种子图片

三色苋 *Amaranthus tricolor* L.

【别名】雁来红、老少年、老来少

【科】苋科

【属】苋属

【生长特征】一年生草本。茎粗壮，绿色或红色，常分枝，幼时有毛或无毛。叶片卵形、菱状卵形或披针形，绿色或常成红色，紫色或黄色，或部分绿色加杂其他颜色，顶端圆钝或尖凹，具凸尖，基部楔形，全缘或波状缘，无毛；叶柄绿色或红色。

【地理分布】全国各地均有栽植，有时半野生；原产于印度，亚洲南部、中亚和日本等地有分布。

【种子形态】胞果卵状矩圆形，长 2.0 ～ 2.5 mm，环状横裂，包裹在宿存花被片内。种子近圆形或倒卵形，双凸透镜状；长约 1.2 mm，宽 1.0 mm ；表面光滑，具光泽，有颗粒状点纹；边缘渐薄形成光泽较弱的环带，环带较宽，有同心排列的细粒状条纹；基部边缘具小凹缺；种脐位于基部凹缺内。

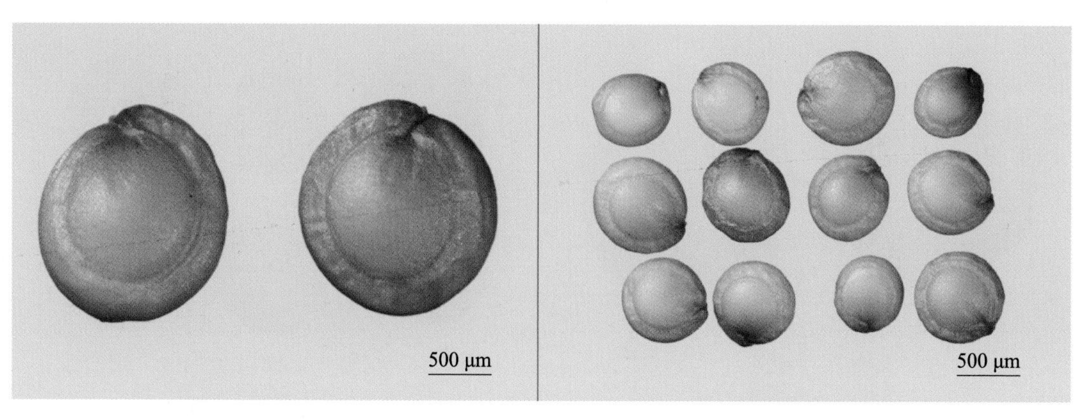

三色苋双粒种子图片　　三色苋多粒种子图片

金鱼草 *Antirrhinum majus* L.

【别名】龙头花、狮子花、龙口花、香彩雀

【科】玄参科

【属】金鱼草属

【生长特征】多年生直立草本。茎基部无毛，中上部被腺毛，基部有时分枝。叶下部的对生，上部的常互生，具短柄；叶片披针形至矩圆状披针形，无毛。

【地理分布】我国各地园林绿化广为栽植；原产于地中海沿岸地区，北至摩洛哥和葡萄牙，南至法国，东至土耳其和叙利亚有分布。

【种子形态】蒴果卵形，长约 15.0 mm，褐色，基部强烈向前延伸，被腺毛，顶端孔裂。种子卵圆状圆柱形，长 0.7 ～ 0.9 mm，宽和厚 0.5 ～ 0.8 mm，顶端截平，基部急尖，斜圆或钝圆；表面暗褐色至深黑褐色，具有不规则的蜂窝状网纹，网纹隆起，网眼较凹，无光泽；种脐小，不明显，位于种子的基端；胚微小，直立，黄色；胚乳暗黄色。

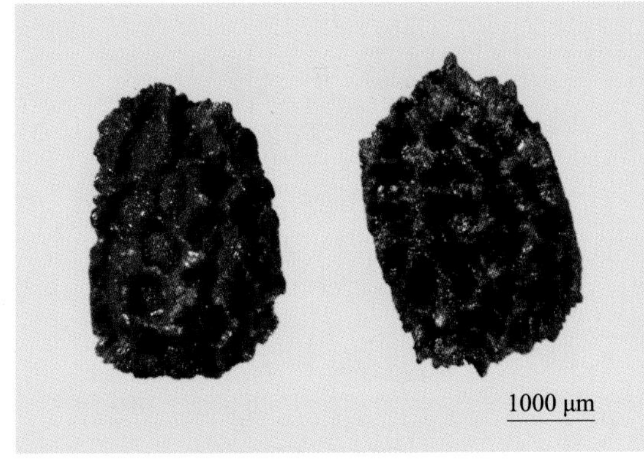

金鱼草双粒种子图片

金鱼草多粒种子图片

雏菊 *Bellis perennis* L.

【别名】延命菊、马兰头花

【科】菊科

【属】雏菊属

【生长特征】多年生或一年生葶状草本。叶基生，草质，匙形，顶端圆钝，基部渐狭成柄，上半部边缘有疏钝齿或波状齿。

【地理分布】我国各地庭园栽种为花坛观赏植物；原产于欧洲。

【种子形态】瘦果倒卵形，黄绿色至棕绿色，扁平；表面具细纵棱和黄白色胶质物，有光泽；四周边缘有宽且厚的隆起，顶端近平截，无衣领状环；基部近平截，略倾斜；果脐位于基部平截面上，与果皮同色，无冠毛。

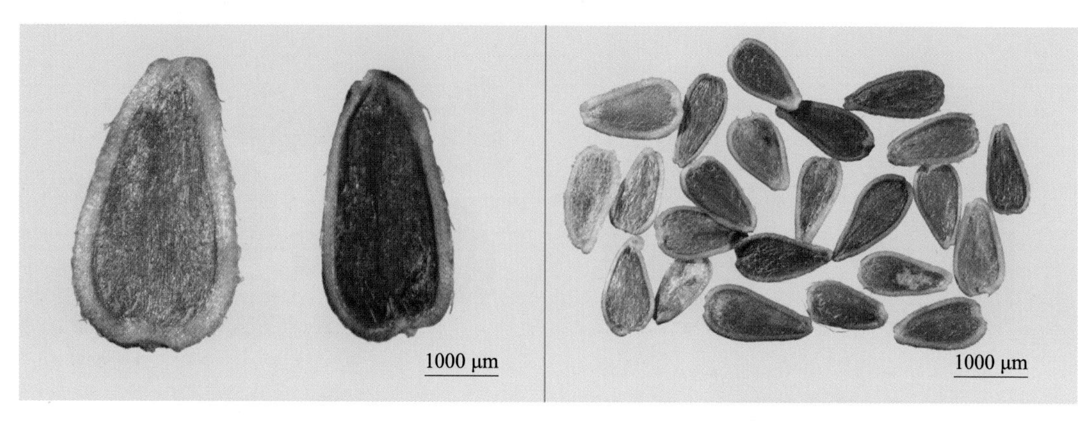

雏菊双粒种子图片　　雏菊多粒种子图片

金盏花 *Calendula officinalis* L.

【别名】金盏菊、棒红、甘菊花、山金菊

【科】菊科

【属】金盏花属

【生长特征】一年生或越年生草本。通常自茎基部分枝，绿色或多少被腺状柔毛。叶互生，长圆形；基生叶长圆状倒卵形或匙形，全缘或具疏细齿，具柄；茎生叶长圆状披针形或长圆状倒卵形，无柄，顶端钝，边缘波状具不明显的细齿。

【地理分布】我国各地广泛栽植。

【种子形态】瘦果形状多样，似蜷曲的毛虫形，长 10.0 ～ 15.0 mm，厚 2.0 ～ 5.3 mm，淡黄色或淡褐色；果皮坚硬木质，背面密布排列整齐的瘤状尖突起，腹面凹入成槽沟，中央突起成棱线状，颜色略深，为种子所在，表面疏生短毛；果脐碗口状，向腹面倾斜。种子新月形，长 5.0 ～ 6.0 mm，厚约 1.3 mm，黄褐色，腹面和背面都有 1 白色棱线，从顶端直达种脐。

金盏花双粒种子图片

金盏花多粒种子图片

翠菊 *Callistephus chinensis* (L.) Nees.

【别名】五月菊、江西腊

【科】菊科

【属】翠菊属

【生长特征】一年生或二年生草本。茎直立，单生，有纵棱，被白色糙毛。上部茎叶菱状披针形、长椭圆形、倒披针形或线形，边缘有 1 ～ 2 个锯齿；中部茎叶卵形、菱状卵形或匙形或近圆形，顶端渐尖，基部截形、楔形或圆形，两面被稀疏的短硬毛；下部茎叶花期脱落或宿存。

【地理分布】分布于我国吉林、辽宁、河北、山西、山东、云南和四川等地；日本、朝鲜广泛栽培。生长于荒地、草丛、水边及林荫处等，通常为植物园、花园、庭园及其他公共场所引种观赏栽植。

【种子形态】瘦果长椭圆状倒披针形，稍扁，长 3.0 ～ 3.5 mm，中部以上被柔毛；表面黄色或黄白色，具纵棱，有光泽；顶端平截，有向腹面倾斜的衣领状环；基部钝圆或平截；果脐圆形，浅黄色，稍向腹面倾斜。

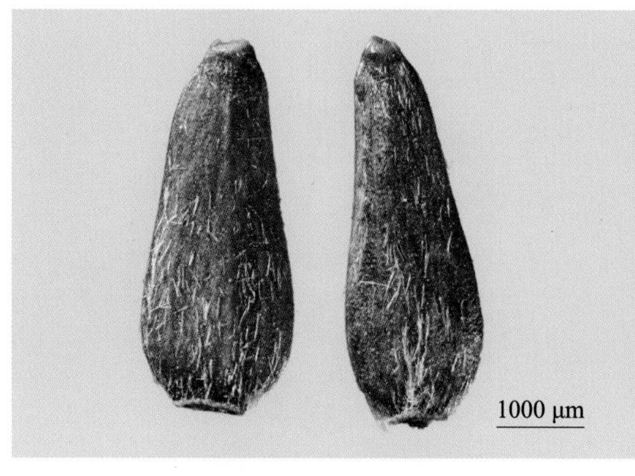

翠菊双粒种子图片

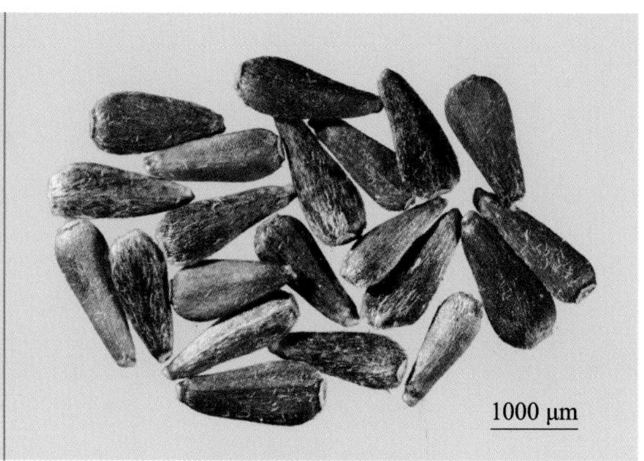

翠菊多粒种子图片

红花 *Carthamus tinctorius* L.

【别名】红蓝花、刺红花、草红花

【科】菊科

【属】红花属

【生长特征】一年生草本。茎直立，全部茎枝白色或淡白色，光滑，无毛。中下部茎叶披针形、卵状披针形或长椭圆形，边缘大锯齿、重锯齿、小锯齿以至无锯齿而全缘。全部叶质地坚硬，革质，两面无毛无腺点，有光泽，基部无柄，半抱茎。

【地理分布】我国东北三省、甘肃、山东、浙江、贵州、四川、西藏和新疆等地有栽培；原产于中亚地区，俄罗斯、日本和朝鲜有栽培。常见于庭园栽植。

【种子形态】瘦果倒卵形或椭圆状倒卵形，长 6.0 ～ 7.5 mm，宽 4.0 ～ 5.5 mm，厚 3.0 ～ 4.5 mm，乳白色，有 4 棱；顶端斜截形，边缘具由棱上端延伸成的突尖，冠毛脱落，中央具残存花柱，圆形，微突起；果皮白色，坚硬，有时疏散着不规则的浅黄色条纹或斑点，尤其在果实的上部较明显；表面光滑，有光泽；果脐大，倒卵形，浅褐色，微凹，位于果实一侧基部的凹陷内。种子与果实同形，种皮膜质，胚直生；无胚乳。

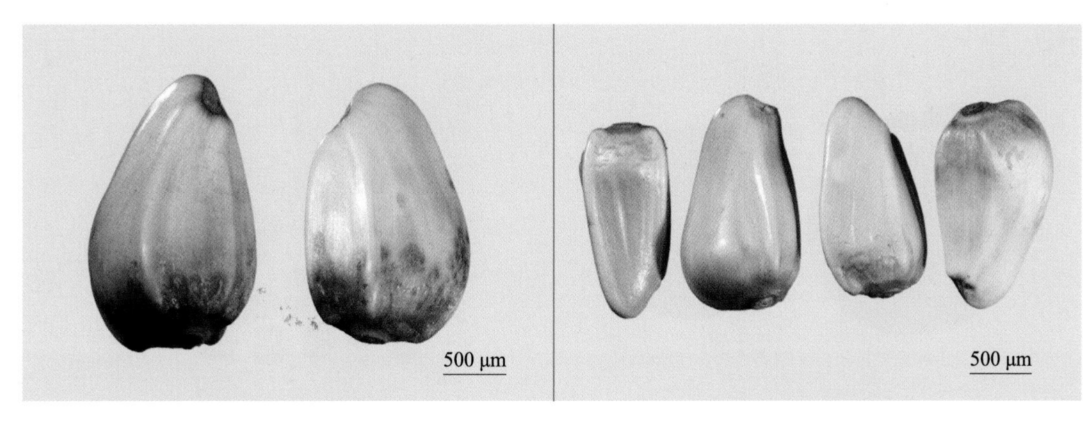

红花双粒种子图片　　红花多粒种子图片

青葙 *Celosia argentea* L.

【别名】青葙子、青葙花

【科】苋科

【属】青葙属

【生长特征】一年生草本。茎直立，绿色或红色，具明显条纹。叶互生，叶片矩圆状披针形、披针形或披针状条形，少数卵状矩圆形，两面绿色常带红色，先端渐尖，具小芒尖，基部渐狭。

【地理分布】分布于全国各地，野生或人工栽培；朝鲜、日本、俄罗斯、印度、马来西亚及非洲热带地区等有分布。生长于田边、丘陵及山坡等。

【种子形态】胞果卵形，长 3.0 ~ 3.5 mm，宽约 2.3 mm，包裹在宿存花被片内。种子圆形或肾状圆形，稍扁，直径约 1.5 mm，呈双凸透镜状；种皮黑色或棕黑色，表面极光滑，具强光泽，周缘无带状条纹，有锐脊；种脐明显，位于种子基部缺口处，略突；胚环状，围绕着丰富的白色胚乳。

青葙双粒种子图片

青葙多粒种子图片

9 矢车菊 *Centaurea cyanus* L.

【别名】蓝花矢车菊、蓝芙蓉、车轮花

【科】菊科

【属】矢车菊属

【生长特征】一年生或二年生草本。茎直立，有分枝，茎枝灰白色。单叶互生，有白色绵毛；基生叶及下部茎生叶长椭圆状倒披针形或披针形，边缘有小锯齿；中部茎叶线形、宽线形或线状披针形，顶端渐尖，基部楔状；上部茎叶与中部茎叶同形；全部茎叶两面异色或近异色。

【地理分布】我国南北各地均有栽植；原产于欧洲东南部至地中海域区。生长于田间、草原及荒地等。

【种子形态】瘦果长椭圆形或圆柱状，长 3.0 mm，宽 1.5 mm，稍扁，有细条纹，被稀疏的白色柔毛；表面灰绿色或蓝灰色，光滑，具瓷质光泽；顶端截平，具衣领状环，其周边着生多层棕褐色冠毛，不易脱落，有时呈淡黄色，集生成从；冠毛扁平而狭长，长短不一；边缘有向上的微毛，中央有残存的花柱，呈瘤状突起；果脐菱形，中央有一近白色突起，位于果实腹面基部，约为果长的 1/3、基部宽的 1/3 ～ 1/2 ；胚直生；无胚乳。

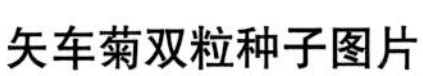
矢车菊双粒种子图片

矢车菊多粒种子图片

10 飞燕草 *Consolida ajacis* (L.) Schur

【别名】彩雀

【科】毛茛科

【属】飞燕草属

【生长特征】一、二年生草本。茎与花序均被多少弯曲的短柔毛，中部以上分枝。茎下部叶有长柄，在开花时多枯萎，中部以上叶具短柄；叶片长达 3.0 cm，掌状细裂，狭线形小裂片，宽 0.4 ～ 1.0 mm，有短柔毛。

【地理分布】我国各地有栽植；原产于欧洲南部和亚洲西南部。

【种子形态】蓇葖果长达 1.8 cm，直立，密被短柔毛。种子倒金字塔多棱形、半圆状四棱形等多种形状，长 1.6 ～ 2.0 mm，宽 1.2 ～ 1.8 mm ；表面黑褐色至黑色，粗糙，被多层波状弯曲的横翅，多数不透明，具平行纵细纹；顶端宽大，具圆形或椭圆形凹穴；基部钝尖；种脐位于基端；胚乳黄褐色；胚位于种子中下部。

飞燕草双粒种子图片

飞燕草多粒种子图片

秋英 *Cosmos bipinnatus* Cav.

【别名】大波斯菊、波斯菊

【科】菊科

【属】秋英属

【生长特征】一年生或多年生草本。茎无毛或稍被柔毛。叶二回羽状深裂，裂片线形或丝状线形。

【地理分布】我国各地均有栽植，云南和四川西部有大面积归化；原产于美洲墨西哥。生长于田埂、路旁及溪岸等，也常自生。

【种子形态】瘦果镰刀形或梭形，长 8.0 ～ 12.0 mm，黄褐色至深褐色，四棱状，稍弯曲；表面粗糙，具黄褐色斑点或局部覆盖黄褐色膜，4 条纵棱将瘦果分成 4 个平面，每面具一深纵沟；果顶收缩成喙，有 2 ～ 3 尖刺，顶端平截，中央微凹；基部平截，与果同色；果脐马蹄形。

秋英双粒种子图片　　秋英多粒种子图片

大丽花 *Dahlia pinnata* Cav.

【别名】大理花、天竺牡丹、东洋菊

【科】菊科

【属】大丽花属

【生长特征】多年生草本。茎粗壮，直立，多分枝。叶 1 ～ 3 回羽状全裂，上部叶有时不裂，裂片卵形或长圆状卵形，下面灰绿色，两面无毛。

【地理分布】我国多地有栽植；原产于墨西哥，是全世界栽培最广的观赏植物。适于花坛和花径丛栽，另有矮生品种适于盆栽。

【种子形态】瘦果长圆形，长 9.0 ～ 12.0 mm，宽 3.0 ～ 4.0 mm，浅褐色至黑褐色，扁平；表面略粗糙，无光泽，边缘具薄翼状翅，两面具明显隆起的纵脊；顶端平截，具衣领状环，环尖端具不明显齿，无冠毛；基底平截；果脐凹陷，位于基部平截面上，与果同色。

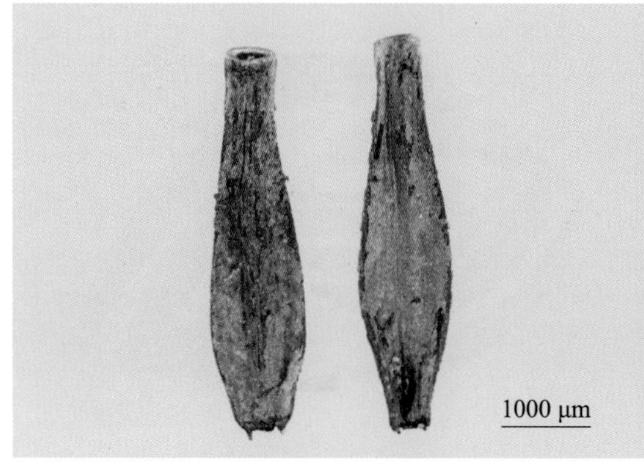

大丽花双粒种子图片

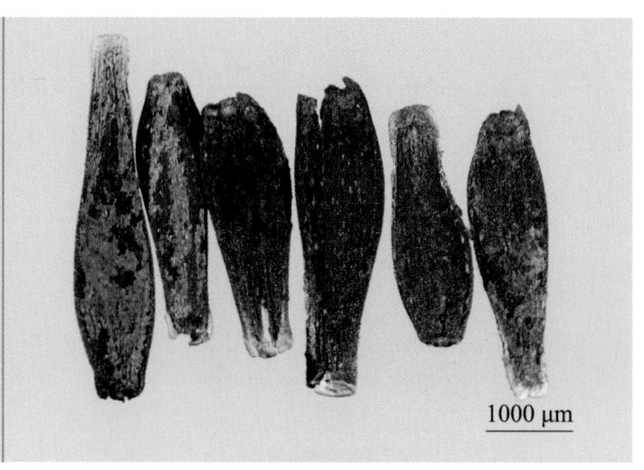

大丽花多粒种子图片

13 石竹 *Dianthus chinensis* L.

【别名】洛阳花、石柱花

【科】石竹科

【属】石竹属

【生长特征】多年生草本。茎疏丛生，直立，上部分枝。叶线状披针形，先端渐尖，基部稍窄，全缘或具微齿，中脉明显。

【地理分布】我国南北各地广泛栽植，原产于我国北方地区；俄罗斯西伯利亚和朝鲜有分布。生长于山坡、田边及路旁等。

【种子形态】种子宽椭圆形或倒卵形，长 2.0 ～ 2.5 mm，宽 1.5 ～ 2.0 mm，厚 0.4 ～ 0.6 mm，扁平，常向一侧面弯曲；表面具棕黑色或黑色纹理；背面拱形，密生小瘤，呈纵向排列，中央具一呈卵形的近平坦区；腹面凹洼，在腹面中央有一鸡冠状突起脊棱通过种脐，其表面和背面边缘的小瘤呈放射状排列。种子胚根部位外突呈短尾状；种脐白色，点状，位于种子中部。

石竹双粒种子图片　　石竹多粒种子图片

14 天人菊 *Gaillardia pulchella* Foug.

【别名】虎皮菊、老虎皮菊

【科】菊科

【属】天人菊属

【生长特征】一年生草本。茎中部以上多分枝，分枝斜升，被短柔毛或锈色毛。叶互生，两面被伏毛；上部叶长椭圆形、倒披针形或匙形，全缘或上部有疏锯齿或中部以上3浅裂；下部叶匙形或倒披针形，先端急尖，近无柄。

【地理分布】我国北方地区有栽植，或偶有野生；原产于北美。

【种子形态】瘦果倒圆锥状楔形，长2.0～3.0 mm（不包括冠毛），宽1.5～2.5 mm，稍扁；表面淡褐色至暗赤褐色，具4条明显的纵棱，棱间另有1～2条细纵棱；果体表面密被向上的白色细长毛；顶端平截，具窄的衣领状环，边缘着生围成一圈冠毛，长5.0 mm，由5～10枚组成；冠毛基部呈半透明的卵状翅鳞，先端延长成芒状；果脐圆形，白色，位于果实基端；胚直生；无胚乳。

天人菊双粒种子图片

1000 μm

天人菊多粒种子图片

甘草 *Glycyrrhiza uralensis* Fisch.

【别名】红甘草、甜草

【科】豆科

【属】甘草属

【生长特征】多年生草本。茎直立，多分枝。羽状复叶，具小叶 7 ～ 17 枚，卵形、长卵形或近圆形，顶端尖或钝，基部圆形或宽楔形，两面有短毛和腺体；托叶三角状披针形，两面密被白色短柔毛。

【地理分布】分布于我国东北、华北和西北地区；蒙古国、巴基斯坦、阿富汗及俄罗斯西伯利亚地区有分布。生长于干旱沙地、河岸砂质地及山坡草地等。

【种子形态】荚果弯曲呈镰刀状或呈环状，密集成球，密生瘤状突起和刺毛状腺体。种子圆形或肾形，长约 3.0 mm，棕褐色，两侧扁；表面近光滑，略有光泽；背面较平直或圆形，腹面平直，上部 1/3 处具小凹缺，隆起的胚根在凹缺以上；种脐圆形，位于凹缺内，与种皮同色，周围有棱和稍隆起的晕轮；脐条深褐色，稍隆起，位于种脐下方，局部具强光泽；种瘤长椭圆形，靠近脐条近末端，稍隆起。

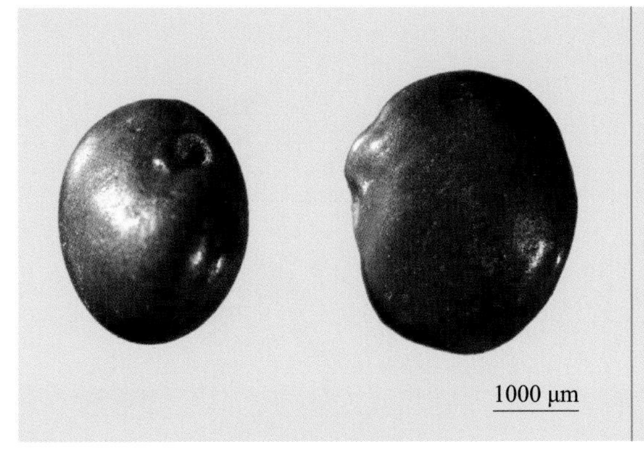

甘草双粒种子图片

1000 μm

甘草多粒种子图片

16 千日红 *Gomphrena globosa* L.

【别名】千年红、长生花

【科】苋科

【属】千日红属

【生长特征】一年生草本。茎粗壮，直立，有分枝，具灰色糙毛，节部稍膨大；叶纸质，对生，长椭圆形或长圆状倒卵形，先端尖或圆钝，基部渐窄，边缘波状，两面有小斑点、白色长柔毛及缘毛；叶柄有灰色长柔毛。

【地理分布】我国南北各地均有栽植；原产于美洲热带，世界各国均有栽植。

【种子形态】胞果矩圆形或近球形，直径 2.0 ～ 2.5 mm，包被于密生白色绵毛的宿存花被中。种子椭圆形，黄褐色，略扁，长约 1.6 mm，宽约 1.3 mm，厚约 1.0 mm；表面光滑，有光泽；种脐位于种子基部凹陷处；胚淡黄色，紧贴种皮呈环状，围绕着白色粉质胚乳；胚根端部突出。

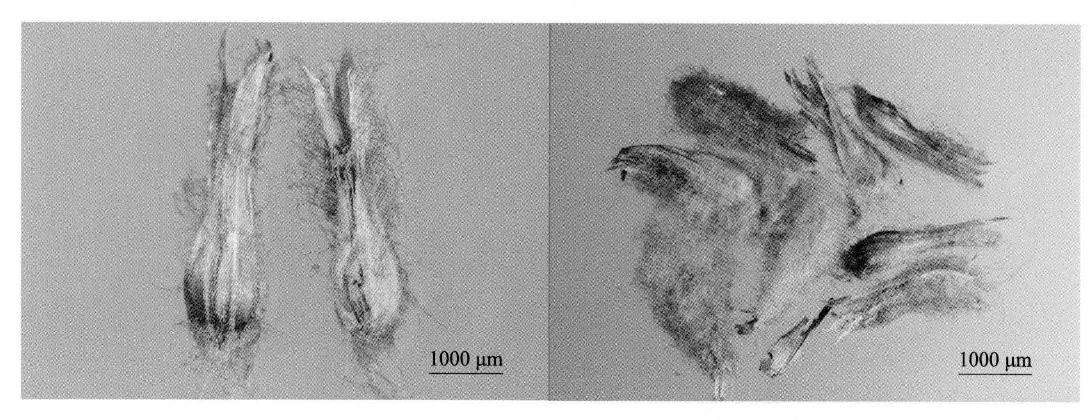

千日红双粒种子图片　　千日红多粒种子图片

向日葵 *Helianthus annuus* L.

【别名】丈菊、葵花、向阳花、朝阳花

【科】菊科

【属】向日葵属

【生长特征】一年生草本。茎圆柱形，多棱角，被粗硬毛，不分枝，有时上部分枝。叶互生，宽卵形，先端尖，基部心形或截形，边缘有锯齿，两面被短硬毛；具长柄。

【地理分布】我国南北各地均有栽植；原产于中南的干旱地区。

【种子形态】瘦果倒卵形或楔形，长 10.0 ～ 15.0 mm，宽 3.0 ～ 4.0 mm，两侧稍扁；果皮白色、灰色或褐色，具黑褐色或黑色的条斑纹或斑点；顶端截形，中央有小的圆形或椭圆形衣领状小环；表面有细纵纹，覆盖黄白色细毛，顶端尤为显著，易脱落。果脐椭圆形，白色，位于果实基部；胚直生；无胚乳。

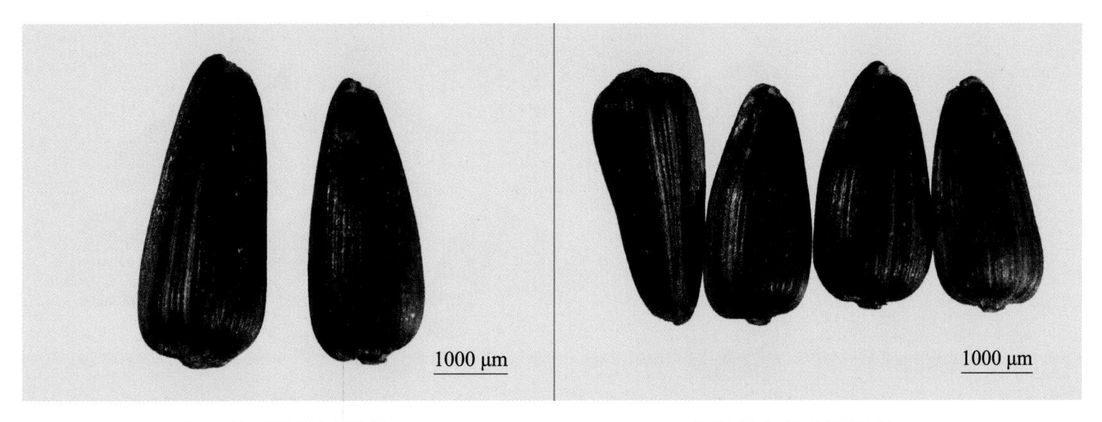

向日葵双粒种子图片　　向日葵多粒种子图片

小麦秆菊 *Helichrysum bracteatum* (Vent.) Andrews

【别名】麦秆菊、麦藁菊、脆菊、蜡菊

【科】菊科

【属】蜡菊属

【生长特征】一年生或二年生草本。茎直立，分枝直立或斜升。叶长披针形至线形，光滑或粗糙，全缘，基部渐狭窄，上端尖，主脉明显。

【地理分布】现全国各地广泛栽植，供观赏用；原产于澳大利亚。

【种子形态】瘦果浅褐色，圆筒状，长 2.0 ～ 3.0 mm，宽 0.9 ～ 1.1 mm；表面无毛，具纵向条纹；顶端平截，周边圆形，周缘具与果皮近同色衣领状环，基部截形；冠毛有近羽状糙毛，黄色。种子长椭圆形，褐色，稍扁，长 2.0 mm，宽 1.0 mm；胚直生；无胚乳。

小麦秆菊双粒种子图片

小麦秆菊多粒种子图片

19 凤仙花 *Impatiens balsamina* L.

【别名】指甲花、急性子、凤仙透骨草

【科】凤仙花科

【属】凤仙花属

【生长特征】一年生草本。茎粗壮，肉质，直立，不分枝或有分枝。叶互生，最下部叶有时对生；叶片披针形、狭椭圆形或倒披针形，先端尖或渐尖，基部楔形，边缘有锐锯齿，向基部常有数对无柄的黑色腺体，两面无毛或被疏柔毛。

【地理分布】分布于全国各地，庭园广泛栽植，供观赏；原产于印度、中国和马拉西亚，全球温带及热带地区有分布。

【种子形态】种子阔椭圆形或近圆形，长约 2.4 mm（不包括突尖部分），宽约 2.1 mm，厚 1.7 ～ 2.3 mm，顶端拱圆，基部突尖；种皮赤褐色，表面颗粒状粗糙，有稀疏的金黄色或橙黄色的条状附属物；种脐黑褐色，圆形，位于种子腹侧下端，略突出；自种脐起沿着种子周围有一条细凹线纹；胚直生；无胚乳。

凤仙花双粒种子图片

凤仙花多粒种子图片

地肤 *Kochia scoparia* (L.) Schrad.

【别名】扫帚菜、疏日－诺高（蒙古族名）

【科】藜科

【属】地肤属

【生长特征】一年生草本。茎直立，圆柱状，分枝斜上，呈扫帚状，枝具条纹，被柔毛。叶互生，线状披针形或披针形，无毛或稍有毛，先端渐尖，基部渐狭，无毛或稍有毛，常具3条纵脉，边缘有疏生长毛。

【地理分布】分布于全国各地；朝鲜、日本、蒙古国、俄罗斯、印度及中欧和北非也有分布。生长于田边、路旁及荒地等处。

【种子形态】胞果扁圆形或椭圆形；果皮膜质，浅灰色，与种子离生。种子倒卵形，长1.5～1.8 mm，宽1.1～1.2 mm，扁平，一端圆形，另一端较尖；种皮橄榄褐色至黑色，表面具小颗粒，光滑，无光泽；胚黄绿色，在种子边缘凸出，弯曲成马蹄形，环绕着胚乳。

地肤双粒种子图片　　地肤多粒种子图片

薰衣草 *Lavandula angustifolia* Mill.

【科】唇形科

【属】薰衣草属

【生长特征】半灌木或矮灌木。具有长的花枝及短的更新枝。叶线形或披针状线形，在花枝上的叶较大，疏离，被密的或疏的灰色星状绒毛，先端钝，基部渐狭成极短柄，全缘，边缘外卷，中脉在下面隆起，侧脉及网脉不明显。

【地理分布】我国各地均有栽植，为一种观赏及芳香油植物；原产于地中海地区。

【种子形态】小坚果光滑，有光泽，基部至背部具一合生面及果脐。种子卵状椭圆形，长约 2.0 mm，宽约 1.5 mm ；表面具不规则棕褐色颗粒状纹饰；基部着生面为波状缺刻，缺刻面白色，光滑，中间有条带状种皮延伸；种脐黄褐色，扁平，位于下部；具短而向下直伸的胚根；无胚乳。

薰衣草双粒种子图片　　薰衣草多粒种子图片

香雪球 *Lobularia maritima* (L.) Desv.

【科】十字花科

【属】香雪球属

【生长特征】多年生草本。全株被“丁”字毛，毛带银灰色。茎自基部向上分枝，常呈密丛。叶条形或披针形，两端渐窄，全缘。

【地理分布】我国河北、山西、江苏、浙江、陕西及新疆等地公园及花圃有栽植；地中海沿岸有分布。

【种子形态】短角果椭圆形，长 3.0 ～ 3.5 mm，无毛或在上半部有稀疏“丁”字毛；果瓣扁压而稍膨胀，中脉清楚。种子长圆形，长约 1.5 mm，淡红褐色；表面粗糙，有光泽，具透明胶质物；种脐白色；胚根等长或稍长于子叶，两者连接处有明显深棕色线条。

香雪球双粒种子图片

香雪球多粒种子图片

23 紫罗兰 *Matthiola incana* (L.) R. Br.

【科】十字花科

【属】紫罗兰属

【生长特征】二年生或多年生草本。茎直立，多分枝，基部稍木质化。叶片长圆形至倒披针形或匙形，全缘或呈微波状，顶端钝圆或罕具短尖头，基部渐狭成柄。

【地理分布】我国各地城市中常有引种，栽于庭园花坛或温室中，供观赏；原产于欧洲南部。

【种子形态】长角果圆柱形，长 7.0 ～ 8.0 cm，直径约 3.0 mm，果瓣中脉明显，顶端浅裂；果梗粗壮，长 10.0 ～ 15.0 mm。种子近圆形，黄色或黄褐色，扁平，直径约 2.0 mm；表面具微颗粒，边缘具有白色膜质的翅，种皮与翅之间的界限为黄色；种脐黄色，絮胚状；胚根约为子叶 1/2 或稍长，紧贴不分离，二者之间有明显深棕色连接线条。

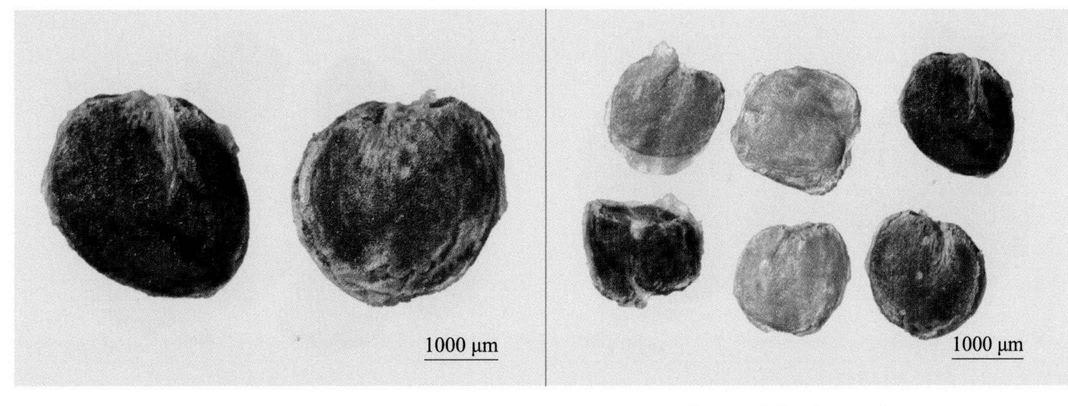

紫罗兰双粒种子图片　　紫罗兰多粒种子图片

24 含羞草 *Mimosa pudica* L.

【别名】呼喝草、感应草、知羞草
【科】豆科
【属】含羞草属

【生长特征】亚灌木状草本。茎圆柱状，具分枝，有散生、下弯的钩刺及倒生刺毛。托叶披针形，被刚毛；羽片和小叶触之即闭合而下垂；羽片通常 2 对，指状排列于总叶柄顶端；小叶 10 ～ 20 对，线状长圆形，先端急尖，边缘具刚毛。

【地理分布】分布于我国华东、华南和西南等地区；原产于热带美洲，全球热带地区有分布。生长于田间、路旁、山坡丛林及潮湿地等。

【种子形态】荚果扁平，有 3 ～ 4 荚节，荚节卵圆形，扁平，径 3.5 ～ 4.0 mm，厚约 1.2 mm，棕褐色。种子阔卵形，径 2.8 ～ 3.1 mm，厚约 1.2 mm，先端微突，基部阔楔形；种皮绿褐色或棕褐色，两面各有一圆形或阔椭圆形的红褐色线圈，表面粗糙，中央颜色深成为斑块；种脐卵形，表面被白色覆盖物，位于种子基部略扁的一侧；种瘤突起，靠近种脐边上。

含羞草双粒种子图片　　含羞草多粒种子图片

25 紫茉莉 *Mirabilis jalapa* L.

【别名】夜娇娇、粉子、胭脂花

【科】紫茉莉科

【属】紫茉莉属

【生长特征】一年生草本。茎直立，圆柱形，多分枝，无毛或疏生细柔毛，节稍膨大。单叶对生，叶卵形或卵状三角形，先端渐尖，基部平截或心形，全缘，两面均无毛，脉隆起。

【地理分布】我国南北各地作为观赏花卉广泛栽植；原产于热带美洲，全球温带至热带地区广泛引种。

【种子形态】瘦果球形，直径 5.0 ～ 8.0 mm，革质，黑色或黑褐色；表面排列 5 条纵向隆起的细锐棱，棱间有散乱的横短棱；顶端收缩成平钝的短喙状顶；基部平截；果脐圆形，凹陷，位于平截面上，周围具厚且圆钝的边棱；胚乳白，粉质。

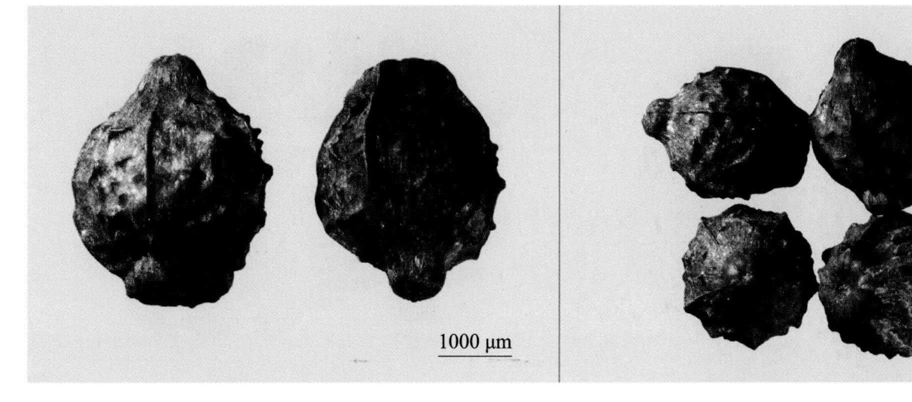

紫茉莉双粒种子图片　　紫茉莉多粒种子图片

虞美人 *Papaver rhoeas L.*

【别名】丽春花、百般娇、赛牡丹

【科】罂粟科

【属】罂粟属

【生长特征】一年生草本。茎直立，具分枝，被淡黄色刚毛。叶互生，叶片披针形或窄卵形，二回羽状分裂，下部全裂，裂片披针形，最上部粗齿状羽状浅裂，上面叶脉稍凹；下部叶具柄，上部叶无柄。

【地理分布】我国各地广泛栽植，主要作为观赏植物；原产于欧洲，亚洲和北美有分布。生长于荒地及沙石地等。

【种子形态】蒴果宽倒卵形，长 10.0 ～ 22.0 mm，无毛，具不明显的肋。种子肾状长圆形，长约 1.0 mm，宽约 0.5 mm，稍扁；表面褐色、深褐色或黑褐色，具明显的粗网状纹，网眼呈多角形；背面弓曲，腹面凹缺在中下部；种脐条形，呈海绵状，与种皮同色，位于腹面凹缺处。

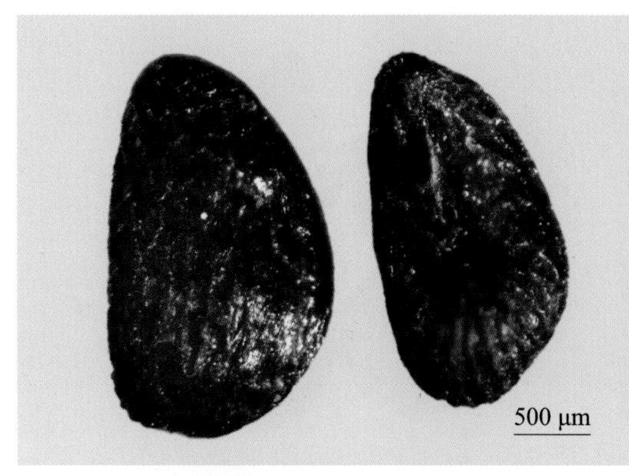

虞美人双粒种子图片

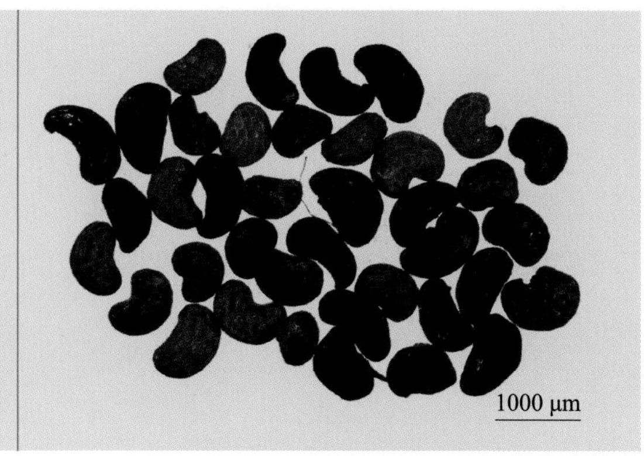

虞美人多粒种子图片

一串红 *Salvia splendens* Sellow ex Schult.

【别名】象牙红、西洋红、墙下红

【科】唇形科

【属】鼠尾草属

【生长特征】亚灌木状草本。茎钝四棱形，具浅槽，无毛。叶卵形或三角状卵形，先端渐尖，基部平截或圆形，边缘具锯齿，上面绿色，下面较淡，两面无毛，下面被腺点。

【地理分布】我国各地庭园中广泛栽植；原产于南美洲巴西。

【种子形态】小坚果椭圆形，长约 3.5 mm，宽约 2.0 mm，稍扁；表面黑褐色、黄褐色或杂黑褐色斑，表皮粗糙；背面微凸；腹面中央隆起形成两个斜面；顶端具极少数不规则的褶皱突起，基部呈截形；果脐三角形或圆形，位于基底，偏向腹面；胚直生；无胚乳。

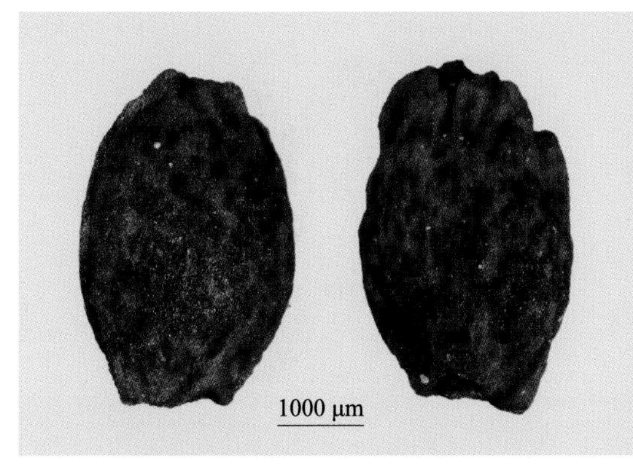

一串红双粒种子图片

一串红多粒种子图片

苦豆子 *Sophora alopecuroides* L.

【别名】草本槐、苦豆根

【科】豆科

【属】槐属

【生长特征】多年生草本。茎直立，上部分枝。奇数羽状复叶；小叶 11 ～ 25，纸质，对生或近互生，披针状长圆形或椭圆状长圆形，先端钝圆或急尖，常具小尖头，基部宽楔形或圆形，上面被疏柔毛，下面毛被较密，中脉上面常凹陷，下面隆起，侧脉不明显。

【地理分布】分布于我国华北、西北、黄河两岸及西藏等地区；俄罗斯、阿富汗、伊朗、土耳其和巴基斯坦等有分布。生长于干旱沙漠及草原边缘地带等。

【种子形态】荚果念珠状，长 3.0 ～ 7.0 cm，表面灰黄色，具白色柔毛。种子椭圆形，长 4.0 ～ 4.7 mm，宽 3.0 ～ 3.5 mm，厚 2.0 ～ 2.5 mm，两侧稍扁；胚根紧贴于子叶上，胚根尖不与子叶分开，长为子叶长的 1/6 ；表面褐色或黄褐色，近光滑，有光泽，具微颗粒；种脐椭圆形或近圆形，褐色或白色，位于种子中部偏上；晕轮褐色，隆起；种瘤褐色，微突出，位于种子基部，距种脐 2.5 ～ 3.0 mm ；脐条明显，呈一条隆起的褐色线。

苦豆子双粒种子图片

苦豆子多粒种子图片

万寿菊 *Tagetes erecta* L.

【别名】臭芙蓉、孔雀草、红黄草

【科】菊科

【属】万寿菊属

【生长特征】一年生草本。茎直立，粗壮，具纵细条棱，分枝向上平展。叶羽状分裂，裂片长椭圆形或披针形，具锐齿，上部叶裂片齿端有长细芒，沿叶缘有少数腺体。

【地理分布】我国各地均有栽植；原产于北美洲墨西哥。

【种子形态】瘦果线形或矩状披针形，长 8.0 ～ 11.0 mm，黑色或褐色；表面有 4 条明显突起的纵脊棱，棱间具细纵棱和纵沟，粗糙，无光泽；顶端环淡黄色外突，呈衣领状；冠毛宿存，管状，基部渐窄，扭转；果脐线形，黄白色，位于果实基部；胚黄白色，直生；无胚乳。

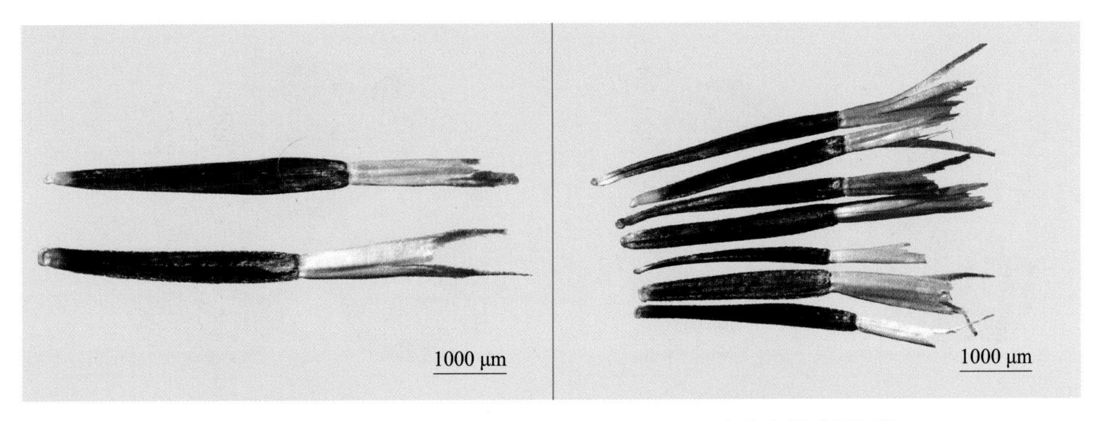

万寿菊双粒种子图片　　万寿菊多粒种子图片

旱金莲 *Tropaeolum majus* L.

【别名】旱莲花、荷叶七

【科】旱金莲科

【属】旱金莲属

【生长特征】一年生肉质草本。蔓生，无毛或被疏毛。叶互生；叶柄盾状，向上扭曲，着生长于叶片的近中心处；叶片圆形，有主脉 9 条，由叶柄着生处向四面辐射，边缘为波浪形的浅缺刻，背面通常被疏毛或有乳凸点。

【地理分布】我国各地均有栽植，普遍引种作为庭院或温室观赏植物；原产于南美洲秘鲁和巴西等地。

【种子形态】瘦果扁球形，成熟时分裂成 3 个具一粒种子的瘦果。种子近球形或近肾形，暗黄褐色；表面粗糙、褶皱；背部弓曲，具纵棱，中棱粗大，棱上具鱼鳞状皱褶；腹面平直，具 2 棱；顶端圆钝，有时具 1 ～ 2 个小突起；基部圆钝；种脐浅色，位于种子基部。

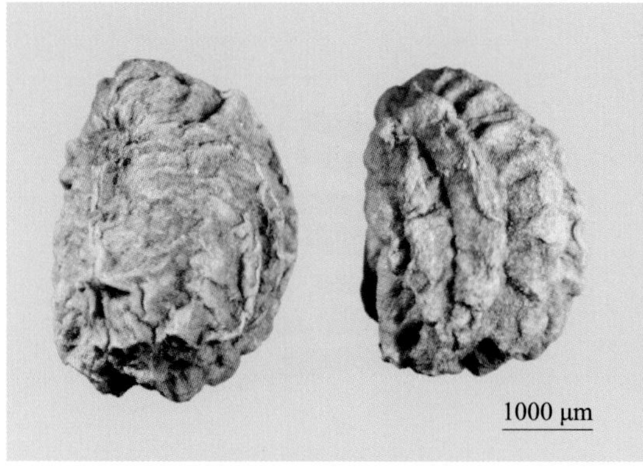

旱金莲双粒种子图片

旱金莲多粒种子图片

31 美女樱 *Verbena hybrida* Group

【别名】草五色梅、铺地马鞭草、铺地锦、四季绣球、美人樱

【科】马鞭草科

【属】马鞭草属

【生长特征】多年生草本。全株有细绒毛，植株丛生而铺覆地面，茎四棱。叶对生，深绿色。

【地理分布】我国各地广泛引种栽植；原产于美洲巴西、秘鲁和乌拉圭等地，世界各地广泛栽培。

【种子形态】坚果淡黄色或黄褐色，长 3.0 ～ 4.0 mm，宽约 1.0 mm，圆柱形，上窄下宽；背面果皮粗糙具瘤状突起，腹面果皮有纵向纹路，背腹相交有一条明显外突的边缘，环绕着除果脐端外的整个坚果；果脐有白色膜质附属物覆盖，位于腹面基部。

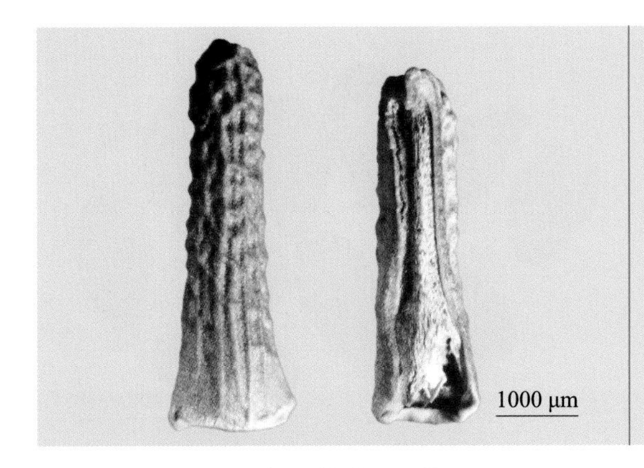

美女樱双粒种子图片

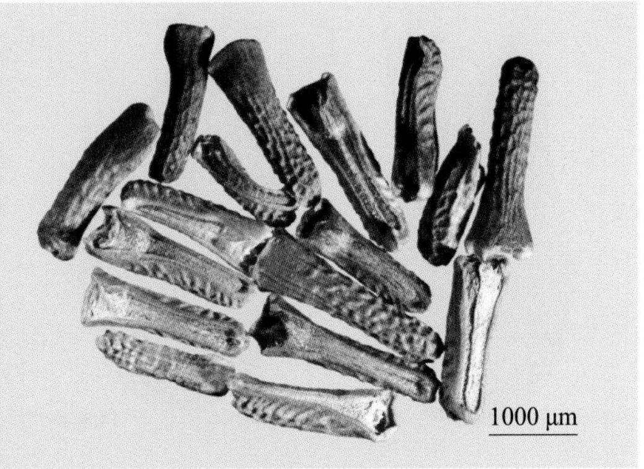

美女樱多粒种子图片

三色堇 *Viola tricolor* L.

【别名】三色堇菜、蝴蝶花、阿拉叶－尼勒－其其格

【科】堇菜科

【属】堇菜属

【生长特征】一、二年生或多年生草本。地上茎较粗，直立或稍倾斜，有棱，单一或多分枝。基生叶叶片长卵形或披针形，具长柄；茎生叶叶片卵形、长圆状圆形或长圆状披针形，先端圆或钝，基部圆，上部叶叶柄较长，下部者较短。

【地理分布】我国各地公园广泛栽植供观赏；原产于欧洲，全世界各地广泛栽培。

【种子形态】蒴果椭圆形，长 8.0 ～ 12.0 mm，无毛。种子倒卵形，长约 2.0 mm，宽约 1.2 mm；顶端中央有一圆形而微凹的暗色的内脐，自内脐起沿着腹部中央至基部种脐止有一条暗色线纹，即种脊；种皮浅黄色，表面光滑，具极细的纵线纹；种脐近椭圆形，其上覆有白色海绵状脐褥，位于种子基部一侧；胚直生；含丰富的胚乳。

三色堇双粒种子图片　　三色堇双粒种子图片

33 百日菊 *Zinnia elegans* Jacq.

【科】菊科

【属】百日菊属

【生长特征】一年生草本。茎直立，被糙毛或硬毛。叶宽卵圆形或长圆状椭圆形，基部稍心形抱茎，两面粗糙，下面密被短糙毛，基出三脉。

【地理分布】我国各地广泛栽植；原产于北美洲墨西哥。

【种子形态】雌花瘦果倒卵圆形，长 6.0 ～ 7.0 mm，宽 4.0 ～ 5.0 mm，灰褐色，扁平；腹面正中和两侧边缘各有一棱，顶端截形，基部狭窄，被密毛。管状花瘦果倒卵状楔形，长 7.0 ～ 8.0 mm，宽 3.5 ～ 4.0 mm，灰褐色，极扁，被疏毛和黄色瘤状突起，顶端有短齿。果脐浅黄色，位于基部。

百日菊双粒种子图片

百日菊多粒种子图片

参考文献

[1] 韩建国 . 牧草种子学 . 北京：中国农业大学出版社，2011.

[2] 毛培胜 . 牧草与草坪草种子科学与技术 . 北京：中国农业大学出版社，2011.

[3] 中国科学院植物研究所 . 杂草种子图说 . 北京：科学出版社，1980.

[4] 张义君 . 怎样识别种子 . 牧草种子科学与技术资料汇编（一），1980，58-61.

[5] 关广清，张玉茹，孙国友，等 . 杂草种子图鉴 . 北京：科学出版社，2000.

[6] 印丽萍，颜玉树 . 杂草种子图鉴 . 北京：中国农业科技出版社，1996.

[7] 贠旭疆，等 . 中国主要优良栽培草种图鉴 . 北京：中国农业出版社，2008.

[8] 赵明坤，杨菲 . 优良暖季型牧草——非洲狗尾草 . 贵州畜牧兽医，2016(6)：59-60.

[9] 郭巧生，王庆亚，刘丽 . 中国药用植物种子原色图鉴 . 北京：中国农业出版社，2008.

[10] 中国饲用植物志编辑委员会 . 中国饲用植物志 第一卷 . 北京：农业出版社，1987.

[11] 中国饲用植物志编辑委员会 . 中国饲用植物志 第二卷 . 北京：农业出版社，1989.

[12] 中国饲用植物志编辑委员会 . 中国饲用植物志 第三卷 . 北京：农业出版社，1991.

[13] 中国饲用植物志编辑委员会 . 中国饲用植物志 第四卷 . 北京：农业出版社，1992.

[14] 中国饲用植物志编辑委员会 . 中国饲用植物志 第五卷 . 北京：中国农业出版社，1995.

[15] 中国饲用植物志编辑委员会 . 中国饲用植物志 第六卷 . 北京：中国农业出版社，1997.

[16] GB /T 2930.1—2017 草种子检验规程 .

[17] http://www.iplant.cn/frps

索　引

T

W

X

Y

Z